贵州省干旱灾害风险评估及其气候预估

吴战平　龙俐　张娇艳　张东海　李忠燕　编著

气象出版社
China Meteorological Press

内容简介

贵州地处亚热带季风气候区,常年雨量充沛,但由于其特殊的喀斯特地形地貌特征和降水时空分布不均,干旱灾害时有发生。为了有效地服务于贵州现代生态文明建设,贵州省气候中心根据灾害风险管理的需求,在国家发展和改革委员会、贵州省发展和改革委员会、贵州省科技厅的大力资助下,针对发生干旱灾害的大气环流特征、指标体系构建、风险评估与区划以及未来气候变化趋势等方面,做了大量的分析研究工作,相关成果还获得了 2017 年贵州省科技进步奖。作者在此基础上,编著形成了《贵州省干旱灾害风险评估及其气候预估》一书。

本书是一部具有地方特色的专业书籍,内容丰富,实用性强。本书的出版,可为贵州省各级政府和生产部门在制定干旱灾害防御和减灾措施等方面提供基础支撑,为地方经济社会发展的中长期发展规划提供决策依据,同时也可为兄弟省(区、市)开展相关方面的工作提供参考。

图书在版编目(CIP)数据

贵州省干旱灾害风险评估及其气候预估 / 吴战平等编著. — 北京:气象出版社,2018.11
ISBN 978-7-5029-6847-2

Ⅰ.①贵… Ⅱ.①吴… Ⅲ.①旱灾-风险评价-研究-贵州②气候预测-研究-贵州 Ⅳ.①P426.616②P467

中国版本图书馆 CIP 数据核字(2018)第 242207 号

出版发行:气象出版社

地　　址:	北京市海淀区中关村南大街 46 号	邮政编码:	100081
电　　话:	010-68407112(总编室)　010-68408042(发行部)		
网　　址:	http://www.qxcbs.com	**E-mail:**	qxcbs@cma.gov.cn
责任编辑:	陈　红	终　　审:	吴晓鹏
责任校对:	王丽梅	责任技编:	赵相宁
封面设计:	博雅思企划		
印　　刷:	北京地大彩印有限公司		
开　　本:	787 mm×1092 mm　1/16	印　　张:	6
字　　数:	147 千字		
版　　次:	2018 年 11 月第 1 版	印　　次:	2018 年 11 月第 1 次印刷
定　　价:	40.00 元		

前　　言

　　干旱是全球最严重的自然灾害之一,它的频繁发生和持续发展给国民经济特别是农业生产带来巨大的影响和损失。在贵州,常年雨量充沛,但由于其特殊的喀斯特地貌特征,加之地形破碎,不利于蓄水,同时由于雨量时空分布不均,季节性缺水特点突出,水资源利用和农业生产对气象条件的依赖性强。因此,特殊的地理条件和气候特征使干旱成为贵州最常见的自然灾害。

　　贵州干旱可分为春旱、夏旱、秋旱和冬旱。其中春旱和夏旱对农业生产影响最大,春旱主要发生在贵州中部以西地区,夏旱主要发生在贵州中部以东地区,有时季节连旱更会发生大面积的严重的持续性干旱,给工农业生产和人民生活带来严重影响。因此,构建贵州气象干旱及其影响指标体系的工作意义重大。

　　干旱灾害风险是指干旱的发生和发展对社会、经济及自然环境系统造成影响和危害的可能性,是自然界与人类社会经济系统相互作用的产物,是自然属性和社会经济属性的综合表现。因此,把地理背景和社会经济发展考虑到区域的干旱灾害风险评估中,可以消除片面强调气象灾害的自然性,更加真实有效地反映地域对干旱灾害的反应机制。干旱本身就是一种风险,在一定的情况下这种风险会转化为灾难性的损失,干旱风险评估的目的是解决干旱风险可能发生的概率,进行干旱灾害管理,减少干旱灾害损失,是科学、系统分析灾害风险的一种重要途径,是减灾缓灾的重要过程,因此,开展干旱灾害风险评估研究十分有意义。

　　与现阶段的干旱灾害风险评估研究相比较,贵州省未来干旱灾害的预估对决策服务战略部署的意义更加重大,从主要气候要素的角度能充分地反映干旱致灾因子的未来变化,从温室气体排放情景的角度反映社会因子未来的变化,定性地给出贵州省未来干旱灾害气候预估分析,可为贵州省地方经济和社会的长期发展战略提供重要的决策依据。

　　本书是综合集成了贵州省气候中心科技人员多年来在贵州省干旱灾害风险评估及其气候预估相关研究成果基础上编写而成的,由吴战平、龙俐、张娇艳、张东海、李忠燕同志共同编著,全书共 3 章。第 1 章,贵州省气象干旱及影响研究;第 2 章,贵州省干旱灾害风险评估研究;第 3 章,贵州省未来主要气候要素的变化对干旱的可能影响。

本书在编写过程中,得到了贵州省气象局吴哲红、严小冬、白慧、段莹、帅士章、池再香、王兴菊、康为民和贵州省水利科学研究院王玉萍、商崇菊等同志的协助。本研究所使用的全球气候模式气候变化预估数据,由国家气候中心研究人员对数据进行整理、分析和惠许使用。原始数据由各模式组提供,由 WGCM(JSC/CLIVAR Working Group on Coupled Modelling)组织 PCMDI(Program for Climate Model Diagnosis and Intercomparison)搜集归类。多模式数据集的维护由美国能源部科学办公室提供资助。在此表示衷心感谢! 还要特别感谢中国清洁发展机制基金赠款项目"贵州省气候变化影响评估及应对服务"的资助!

由于贵州省干旱灾害风险评估及其气候预估涉及的专业和行业较多,受作者专业及知识水平以及经验所限,书中错误和不足之处在所难免,敬请广大读者指正。

编著者

2018 年 7 月

目 录

贵州省气象干旱及影响研究

干旱是世界上造成损失最多的自然灾害,各个部门或学科对干旱的定义不尽相同,一般把干旱分为气象干旱、水文干旱、农业干旱和社会经济干旱,气象干旱是其他专业性干旱研究和业务的基础,无论何种干旱,其致灾因子都是气象因子,即主要取决于一个地区的降水、气温、蒸发等。

干旱对国民经济尤其是农业生产造成了严重危害。贵州常年雨量充沛,但由于其特殊的喀斯特地貌特征,地形破碎,不利于蓄水,再加上雨量时空分布不均,地区有效利用的水资源匮乏,水资源和农业生产对气候变化依赖性强,特殊的地理条件和气候特征使干旱成为贵州最常见的自然灾害。在贵州,干旱具有发展快、程度重、持续时间长等特点。贵州干旱可分为春旱、夏旱、秋旱和冬旱。顾名思义,春旱就是发生在春季(3—5月)的干旱;夏旱就是发生在夏季(6—8月)的干旱,对于夏旱,在贵州还把发生在6月的初夏干旱称为"洗手干"(指栽秧后紧接着出现的干旱),把发生在7—8月的盛夏干旱,称为伏旱;秋旱和冬旱是指发生在秋季(9—11月)和冬季(12月至翌年2月)的干旱。其中春旱和夏旱对农业生产影响最大,春旱主要发生在贵州中部以西地区,夏旱主要发生在贵州中部以东地区,有时季节连旱更会发生大面积的严重的持续性干旱,给工农业生产和人民生活带来严重影响。

1.1 干旱指标

干旱是一个缓慢的水分亏缺累积过程,某月的旱涝程度不仅与当月的气温、降水量有关,而且与前期降水累积效应、土壤水分变化等因素有关。为客观准确且符合实际地评估旱情,提出了多种干旱指标。干旱指标是研究干旱气候的基础,也是衡量干旱程度的关键环节。不同的干旱指标其本地适用性不同,在多年来实际研究应用中,采用的干旱指标有降水距平百分率(P_a)、K干旱指数、综合气象干旱指数(CI)、植被供水指数($VSWI$)、GEV干旱指数、标准化前期降水指数($SAPI^*$)等。

1.1.1　降水量距平百分率(P_a)

根据国家标准《气象干旱等级》(GB/T 20481—2006),降水量距平百分率是指某时段的降水量与近 30 年气候平均降水量之差与近 30 年气候平均降水量相比的百分率,单位用百分率(%)表示。它是表征某时段降水量较气候值偏多或偏少的指标之一,能直观反映降水异常引起的干旱(表 1.1);在气象日常业务中多用于评估月、季、年发生的干旱事件。降水量距平百分率等级适合于半湿润、半干旱地区平均气温高于 10 ℃的时段。

某时段降水量距平百分率(P_a)按式(1.1)计算:

$$P_a = \frac{P - \overline{P}}{\overline{P}} \times 100\%$$
(1.1)

式中,P 为某时段降水量,单位为 mm;$\overline{P}$ 为计算时段同期气候平均降水量,单位为 mm。

表 1.1　降水量距平百分率干旱等级划分表

等级	类型	降水量距平百分率(%)		
		月尺度	季尺度	年尺度
1	无旱	$-40 < P_a$	$-25 < P_a$	$-15 < P_a$
2	轻旱	$-60 < P_a \leqslant -40$	$-50 < P_a \leqslant -25$	$-30 < P_a \leqslant -15$
3	中旱	$-80 < P_a \leqslant -60$	$-70 < P_a \leqslant -50$	$-40 < P_a \leqslant -30$
4	重旱	$-95 < P_a \leqslant -80$	$-80 < P_a \leqslant -70$	$-45 < P_a \leqslant -40$
5	特旱	$P_a \leqslant -95$	$P_a \leqslant -80$	$P_a \leqslant -45$

1.1.2　K 干旱指数

在反映干旱程度时,按照大气、土壤、水文和作物干旱的相互关系和因果关系,应该首先考虑降水,其次再考虑气温、风等因素,由于蒸发量的大小反映了降水、气温、风、湿度、云量等多要素影响的综合结果,是反映干旱与否的一个重要因子,还因为蒸发与土壤温度、作物的蒸散有很好的相关性。在此基础上考虑用降水和蒸发来定义 K 干旱指标(表 1.2),主要用于研究大气和土壤干旱。因此,K 干旱指数是一个同时考虑降水和蒸发的干旱指数。

某时段 K 干旱指数按式(1.2)计算:

$$K_{ij} = R'_{ij} / E'_{ij}$$
(1.2)

式中,K_{ij} 为某时段的 K 干旱指数;R'_{ij} 为某时段降水的相对变率,$R'_{ij} = R_{ij}/R_{pi}$,其中 R_{ij} 为该时段的降水量,R_{pi} 为该时段降水量的气候态平均值;E'_{ij} 为某时段蒸发的相对变率,$E'_{ij} = E_{ij}/E_{pi}$,其中,E_{ij} 为该时段的蒸发量,E_{pi} 为该时段蒸发量的气候态平均值;$i = 1,2,\cdots,n$,i 为年数,$j = 1,2,\cdots,m$,j 为站点数。这相当于对指数进行了标准化,消除了由于各地降水、蒸发量级不同而产生的影响,使得干旱标准便于统一。从式(1.2)中可见,当降水相对变率越小、蒸发相对变率越大时,K_{ij} 就越小,干旱越严重,当降水相对变率越大、蒸发相对变率越小时,K_{ij} 值越大,干旱就不明显。

表 1.2 K 干旱指数干旱等级划分表

等级	类型	K 干旱指数值		
		旬尺度	月尺度	季尺度
1	无旱	$K>0.8$	$K>1.0$	$K>1.5$
2	轻旱	$0.6<K\leqslant0.8$	$0.8<K\leqslant1.0$	$1.0<K\leqslant1.5$
3	中旱	$0.4<K\leqslant0.6$	$0.5<K\leqslant0.8$	$0.5<K\leqslant1.0$
4	重旱	$0.1<K\leqslant0.4$	$0.2<K\leqslant0.5$	$0.3<K\leqslant0.5$
5	特旱	$K\leqslant0.1$	$K\leqslant0.2$	$K\leqslant0.3$

1.1.3 综合气象干旱指数(CI)

综合气象干旱指数(CI)是利用近 30 d(相当于月尺度)和近 90 d(相当于季尺度)降水量标准化降水指数,以及近 30 d 相对湿润度指数进行综合而得,因此,CI(综合气象干旱指数)既能反映短时间尺度(月)和长时间尺度(季)降水量变化的气候异常情况(表 1.3),又能反映短时间尺度(影响农作物生长)的水分亏缺情况。该指标适合实时气象干旱监测和历史同期气象干旱评估。综合气象干旱指数(CI)的计算见式(1.3):

$$CI = aZ_{30} + bZ_{90} + cM_{30} \tag{1.3}$$

式中,Z_{30}、Z_{90} 分别为近 30 d 和近 90 d 标准化降水指数 SPI;M_{30} 为近 30 d 相对湿润度指数;a 为近 30 d 标准化降水系数,一般取 0.4;b 为近 90 d 标准化降水系数,一般取 0.4;c 为近 30 d 相对湿润系数,一般取 0.8。

表 1.3 综合气象干旱等级划分表

等级	类型	CI 值
1	无旱	$-0.6<CI$
2	轻旱	$-1.2<CI\leqslant-0.6$
3	中旱	$-1.8<CI\leqslant-1.2$
4	重旱	$-2.4<CI\leqslant-1.8$
5	特旱	$CI\leqslant-2.11$

1.1.4 植被供水指数(VSWI)

植被供水指数($VSWI$)同时考虑了归一化植被指数($NDVI$)和第四通道遥感亮温,主要用于卫星遥感对干旱的监测,用它来监测干旱具有不可代替的优越性,特别适合于贵州这种常年植被覆盖较高的地区。它是以归一化植被和通道 4 遥感亮温为因子,其计算见式(1.4):

$$VSWI = Ts/NDVI$$
$$NDVI = (CH2 - CH1)/(CH2 + CH1) \tag{1.4}$$

式中,$CH1$、$CH2$ 分别为 NOAA 卫星第一、第二通道的反照率;$NDVI$ 为归一化植被指数;Ts 为 NOAA 卫星遥感得到的作物冠层温度。

植被供水指数($VSWI$)的物理意义是:当作物供水正常时,卫星遥感的植被指数在一定的生长期内保持在一定的范围内,而卫星遥感得到的作物冠层温度也保持在一定的范围内。如果遇到干旱,作物供水不足,一方面,作物的生长受到影响,卫星遥感的植被指数将降低;另一方面,作物的冠层温度将升高,这是由于干旱造成的作物供水不足,作物没有足够的水供给叶子表面的蒸发,被迫关闭一部分气孔,致使植被冠层温度升高。即通过监测植被供水指数的变化,从而达到监测干旱的目的。基于遥感资料的特点,此方法对大面积干旱的监测较实用。

1.1.5　GEV 干旱指数

通常情况下,若独立随机变量 x 服从 GEV 分布,概率密度函数则为:

$$f(x) = \frac{1}{v}\exp[-(1-w)y - \exp(-y)] \tag{1.5}$$

当 $w \neq 0$ 时,

$$y = \frac{(x-u)}{v} \tag{1.6}$$

$$F(x) = \exp[\exp(-y)] = \exp\left\{-\left[1 + w\left(\frac{x-u}{v}\right)\right]^{-\frac{1}{w}}\right\} \tag{1.7}$$

$$x_F = u + v\{1 - [\ln(F)]^w/w\} \tag{1.8}$$

式中,x 为随机变量,这里为降水量;u,v,w 分别为 GEV 概率分布的 3 个参数,各值域分别为:$u \in (-\infty, +\infty)$,$v \in (0, +\infty)$,$w \in (-\infty, +\infty)$。其中,当 $w < 0$ 时,GEV 为 Weibull 分布;$w > 0$ 时,为 Frechet 分布。

将上述分布函数 F 的复合负对数定义为一个干旱指标。如公式(1.9)所示。

$$\begin{aligned}
I &= -\ln[-\ln(F)] \\
&= -\frac{1}{w}\ln[1 - \frac{w(x_i - u)}{v}]
\end{aligned} \tag{1.9}$$

式中,x_i 为逐年、各季节或各月的降水量。

$$T = \frac{1}{F} = \exp[\exp(-I)] \tag{1.10}$$

$F(F \leqslant 0.5)$ 或 $1-F(F > 0.5)$ 的倒数为重现期 T(年)(式(1.10))。当 $I=0$ 时,$T=e \approx 2.78$,根据式(1.10)可以得到干旱发生时对应的重现时间,结合干旱指数和重现期,定义干旱等级(表 1.4)。该指数是基于降水 GEV 分布的概率分布函数和概率密度函数,并可确定降水短缺的时间尺度及其历史的再现规律。因此,该方法也可以用于未来时刻干旱发生的预测。

表 1.4　GEV 干旱指数等级划分表

等级	类型	干旱指数 I 值	重现时间 $T(a)$
1	无旱	$I > 0$	$T < e$
2	轻旱	$-0.5 < I \leqslant 0$	$e \leqslant T < 5$
3	中旱	$-0.83 < I \leqslant 0.5$	$5 \leqslant T < 10$
4	重旱	$-1.17 < I \leqslant -0.83$	$10 \leqslant T < 25$
5	特旱	$I \leqslant -1.17$	$T \geqslant 25$

1.1.6　标准化前期降水指数($SAPI^*$)

基于前期降水指数 API 和标准化前期降水指数 $SAPI$ 来计算逐日气象干旱指标 $SAPI^*$

（表1.5），该指数既从气象干旱定义"降水持续偏少导致的水分亏缺现象"出发，又考虑干旱累积效应的影响。其计算见式（1.11）。

$$SAPI^*(i) = \frac{API(i) - \overline{API(i)}}{\sigma_{API(i)}}$$

（1.11）

式中，$SAPI^*(i)$ 为第 i 日 $SAPI^*$；$API(i)$、$\overline{API(i)}$ 和 $\sigma_{API(i)}$ 分别为第 i 日的 API、第 i 日的 API 的同期气候平均值和第 i 日的 API 同期气候时段的标准差。

逐日气象干旱指数 $SAPI^*(i) > 0$，表明该日的前期累积降水与历史同期相比偏多；$SAPI^* < 0$，表明该日的前期累积降水与历史同期相比偏少；$SAPI^* = 0$，表明该日的前期累积降水与历史同期相比相当。通过上述计算可以将偏态分布的降水量转换成近似正态分布的 $SAPI^*$，消除了不同地区、不同时间地区的降水量变化对干旱等级的不同影响。

表 1.5　基于标准化前期降水指数 $SAPI^*$ 的逐日气象干旱等级划分表

等级	类型	范围	理论概率（%）
1	无旱	$(-0.5, +\infty)$	64.0
2	轻旱	$(-1.0, -0.5]$	22.2
3	中旱	$(-1.5, -1.0]$	11.1
4	重旱	$(-2.0, -1.5]$	2.6
5	特旱	$(-\infty, -2]$	0.1

1.1.7　干旱指数在贵州的应用

1.1.7.1　降水距平百分率（P_a）在旱涝异常成因中的应用

如1.1.1节所述，降水量距平百分率（P_a）是表征某时段的降水量较同期气候态值偏少的程度，该指标能直观反映降水异常引起的干旱，适用于夏半年时段（各月平均气温均在10℃以上）。因此利用贵州省1971—2012年贵州省夏季降水距平百分率的时间序列来判定近40多年来夏季的旱涝异常，从图1.1中可以看出，贵州省夏季降水距平百分率存在较大的年际和年代际差异。在20世纪70年代，干旱和洪涝交替发生，其中1972年为历年夏季降水最少年，全省偏少50%，而1979年为历年最多年，全省夏季降水偏多34%。而进入90年代以后，夏季降水明显增多，降水偏多年达7年，其中有4年为异常偏多年，与此同时，洪涝和地质灾害时常发生，影响工农业生产。而进入21世纪后，贵州省由原来的偏涝趋势逐渐转变为干旱趋势，夏季降水明显减少，降水偏少年达8年，持续性大面积的干旱时常发生。

一个地区夏季降水的旱涝异常影响因素较多，物理机制是极为复杂的。为了搞清出现这种情况的原因，下面将从同期环流异常和海温异常强迫的角度进行分析研究。

环流场合成分析表明：当贵州省夏季降水偏多时，在中高层，贝加尔湖附近为正距平，同时在低层贝加尔湖地区为异常反气旋环流，这种环流配置使得高压脊增强，脊前的西北气流引导冷空气向南深入到西南地区，而西太平洋副高脊线偏西，副高强度偏大，其外围的东南风不断引导洋面上的暖湿气流至西南地区，同时孟加拉湾为偏南风距平，引导印度洋上的暖湿气流北上，从而形成冷暖交汇，有利于降水的增加。反之，不利于降水的增加。

海温场合成分析表明：当孟加拉湾海区存在正（负）海温异常，贵州省夏季降水偏多（少）；当南大西洋东部的副热带海区存在弱的正（负）异常，而在其南部的中纬度海区存在负（正）异

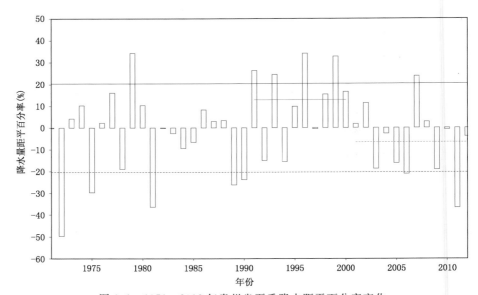

图 1.1　1971—2012 年贵州省夏季降水距平百分率变化

（黑实线：+σ,黑虚线：−σ,红实线：20 世纪 90 年代平均值,红虚线：2001—2012 年平均值）

常时,贵州省夏季降水偏多(少);当北太平洋中纬度海区为一致的正异常控制,贵州省夏季降水偏少,而当北太平洋中纬度海区为东正西负的分布时,贵州省夏季降水偏多。

　　从大气环流异常和海温异常强迫的角度可以分析贵州省夏季旱涝异常的成因,为检验分析的是否合理,利用 2013 年和 2014 的观测事实进行个例验证分析,从而进一步地探讨造成贵州省夏季旱涝异常的成因。2013 年贵州夏季降水量较同期偏少 40%,仅次于 1972 年,尤其是 7 月,降水异常偏少,较同期偏少 78%。从 2013 年全省降水距平分布图(图 1.2a)来看,是一个全省性干旱,除了中部局部地区以及部分边缘地区降水偏少 0~20%以外,其余地区的降水均偏少 20%以上,其中贵州东北部大部和西南部的局部地区降水偏少较明显,比常年(1981—2010)偏少 50%以上。而 2014 年贵州夏季降水量较同期偏多 20%以上,而 7 月较同期偏多 57%。与常年相比,除北部局部地区降水偏少外,其余地区降水均偏多,且贵州东北大部、中部以及西部边缘地区降水偏多较明显,其中东北部部分地区降水异常偏多 80%以上。

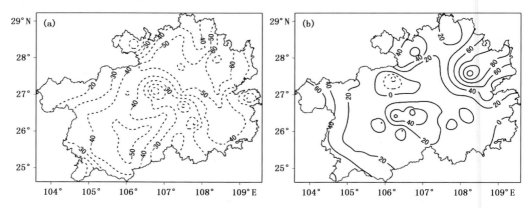

图 1.2　贵州 2013 年(a)和 2014 年(b)降水距平百分率(%)分布图

2013 年夏季,贵州省出现了全省性的持续性干旱,而 2014 年贵州省降水却出现全省偏多的情况。结合贵州省夏季降水异常和大气环流异常之间的统计关系来分析这两年的环流形势。从 2013 年夏季的环流形势(图略)可以看出,该年夏季巴尔喀什湖以西至贝加尔湖以东为负距平,欧洲北部至乌拉尔山附近为正距平,西太平洋副热带高压区为一负距平控制。而在 2014 年(图略),北极新地岛附近为负距平,有利于西风带上游的低压的传播,其他地区为正距平控制。巴尔喀什湖以西至贝加尔湖以东为正距平,有利于高压脊的发展,脊前的西北气流引导干冷空气南下。西太平洋副热带高压区皆为正距平,表明副高强度偏强,面积偏大,西伸脊点偏西。这些特征与降水偏多年合成图相同,都有利于冷暖空气交汇,有利于降水的增加。

从 2013 年 850 hPa 异常风场(图略)可以看出,贝加尔湖至欧洲东部为一致的异常东风气流,阻止了干冷空气向南输送,这与统计特征相同。而西太平洋副热带地区、孟加拉湾地区的风场特征与统计特征有所不同,即西太平洋副热带地区为异常反气旋,其西侧的偏南气流与孟加拉湾异常南风引导洋面上的暖湿气流北上,但由于干冷气流的缺乏,导致降水减少。而在 2014 年(图略),巴尔喀什湖至贝加尔湖以东为异常反气旋环流,其脊前的西北气流引导冷空气向南输送,同时孟加拉湾的偏南气流不断引导印度洋上的暖湿气流向北输送,形成冷暖交汇。高原上为异常气旋,其不断分裂出短波槽向东传播,利于降水增加。

从 2013 夏季的全球 SST(海平面气温)异常的形势可以看出(图略),在 2013 年夏季,孟加拉湾海区为负异常,北太平洋中纬度海区为一致的正异常控制,而南太平洋副热带海区存在一带状的负异常,同时,南大西洋东部的副热带海区存在弱的负异常,而在其南部的中纬度海区存在正异常,这些特征与贵州省夏季少雨年合成相似。而在 2014 年夏季(图略),孟加拉湾海区至西太平洋副热带地区为正异常,北太平洋中纬度海区为负异常,同时,南大西洋东部的副热带海区存在弱的正异常,而在其南部的中纬度海区存在负异常,这些特征与贵州省夏季多雨年合成相似。可见,环流异常和海温异常与贵州省夏季降水的变化有密切的联系(李忠燕 等,2016)。

1.1.7.2　K 干旱指数的评估分析

K 干旱指数是一个同时考虑降水和蒸发的干旱指数,因此,其物理意义更加对水文干旱有较好的反映,对农业干旱也有一定的反映。因此,利用 K 干旱指数对 2009 年夏秋季到 2010 年冬春季发生在贵州省安顺市的历史罕见的干旱过程进行评估分析。此次干旱过程是一次涉及气象、水文、农业、社会经济的综合性特大干旱过程,评估分析是针对该指标是否能对干旱的发展、缓解以及解除阶段具有指示意义。

根据干旱期间从民政、应急等部门了解到的实际灾情显示,此次干旱过程最早开始于 2009 年 6 月上旬,最晚结束于 2010 年 6 月中旬,历时一年以上。发展最严重的时段是 2009 年秋冬季到 2010 年春季,特别是冬春季,此次旱灾安顺市从 2009 年 12 月旱情的严重后果开始显现,到 2010 年 2 月和 3 月迅速加重,人畜饮水困难主要在 2009 年冬季以后出现。干旱造成的损失包括人畜饮水困难、夏收作物大面积绝收,果树、经济作物大片枯死,水电站无法正常发电造成严重工业损失等,对工农业、水文、水利、旅游、民生等均造成严重影响。据不完全统计,干旱共造成饮水困难人口 1 363 532 人,农作物绝收面积 55 802 hm²,造成直接经济损失 195 312.14 万元。为一次历史罕见的特大型干旱灾害。而且是一次涉及气象、水文、农业等方面的综合性特大干旱过程。

K 干旱指数对各地秋冬春连旱的反映与实际干旱情况一致(表 1.6),具体来说,K 干旱指数表明,各地均有1个月以上的夏旱,夏旱起始时间偏早。结合实际考虑到安顺市夏季总体雨量偏少,尤其是平坝偏少46%,且气温偏高,蒸发量大,水文部门水情显示河流水位偏低,水库蓄水不足,说明 K 指数对夏季干旱的评判较符合水文干旱的实际。根据实际旱情和农情调查显示:2010年4月出现降水后土壤相对湿度回升,墒情大大改善,有利于春耕生产,说明4月以后大部分地区农业干旱有所缓解,但河流水位要恢复正常还差得很远,因此,K 指数对干旱结束时期的农业干旱及大部分时段水文干旱的实况反映较好。

表 1.6　K 干旱指数划分的干旱时段表

	K 干旱指数	干旱性质
平坝	2009 年 6 月上旬至 7 月中旬	夏旱
	2009 年 8 月中旬至 10 月上旬	夏秋连旱
	2009 年 11 月上旬至下旬	秋旱
	2009 年 12 月下旬至 2010 年 4 月下旬	冬春连旱
安顺	2009 年 6 月上旬至 7 月中旬	夏旱
	2009 年 8 月中旬至 10 月上旬	夏秋连旱
	2009 年 11 月上旬至 2010 年 5 月下旬	秋冬春连旱
普定	2009 年 6 月上旬至 7 月中旬	夏旱
	2009 年 9 月上旬至 2010 年 6 月中旬	秋冬春连旱
镇宁	2009 年 6 月上旬至 7 月中旬	夏旱
	2009 年 9 月上旬至 2010 年 6 月上旬	秋冬春连旱
关岭	2009 年 6 月上旬至 7 月中旬	夏旱
	2009 年 8 月下旬至 2010 年 6 月上旬	夏秋冬连旱
紫云	2009 年 6 月上旬至 2010 年 5 月下旬	夏秋冬春连旱

另外,根据 K 指数的月标准对 2009 年 6 月至 2010 年 6 月划分干旱级别(表 1.7),规定无旱为 1 级,轻旱为 2 级,中旱为 3 级,重旱为 4 级,特旱为 5 级,数字越大,旱情越严重。由表 1.7 数据分析,2010 年 6 月由于中下旬以后强降水集中,各地进入雨季,按月划分的 6 月各地均无旱情。特重级干旱主要出现在 2010 年 1—3 月,说明安顺市该时段降水量少,蒸发量特别大,土壤和空气干燥度大,农作物水分亏欠严重,灾情实况也显示安顺市此时段为农业、水文干旱最为严重时段,K 指数对最干旱时段的评定与实际旱情发展的情况最为接近。

在对旱情发展初期 2009 年夏旱和秋旱的评定上,夏季 6—8 月 K 指数的干旱级别明显较高:如 2009 年 6 月 K 指数评定所有站有中(3 级)到重(4 级)夏旱,而降水距平百分率仅评定平坝为轻级夏旱。9 月平坝 K 指数评定为 3 级,而降水距平百分率评定为无旱,实况安顺市 8 月下旬到 9 月开始出现晴热少雨时段,9 月区域平均降雨量仅偏少 10%,而蒸发量偏多 50%。根据土壤湿度资料及水库水位资料,8 月中旬至 9 月上旬土壤湿度有一次下降趋势,水库水位下降也是开始于 8 月中旬。据安顺市气象局于 9 月 8—9 日组织旱情调查组到镇宁、平坝县开展的实地灾情调查显示,各地农作物均因干旱受到不同程度损失,水稻、晚玉米,尤其是经济作物、蔬菜受灾较重,但未出现人畜饮水困难,因此,K 指数评定平坝 9 月为中旱较为合理,但夏秋季对大部分地区评定偏高(吴哲红 等,2012)。

表 1.7　K 干旱指数划分的逐月干旱等级表

	2009 年 6 月	7 月	8 月	9 月	10 月	11 月	12 月	2010 年 1 月	2 月	3 月	4 月	5 月	6 月
平坝	4	3	3	3	3	5	1	5	5	5	3	1	1
安顺	3	3	2	4	4	5	2	5	5	5	3	4	1
普定	3	4	3	5	4	5	1	5	5	5	4	4	1
镇宁	3	3	3	5	4	5	1	5	5	5	3	3	1
关岭	3	2	1	5	4	5	3	5	5	5	3	3	1
紫云	3	2	4	5	4	5	3	5	5	5	4	3	1

1.1.7.3　综合气象干旱指数阈值修订

采用贵州省 32 个代表站 1981—2010 年的数据进行升序排列,结合 CI 阈值的累积频率,计算出贵州省各个干旱等级所对应的阈值 CI 订正/修订值(简称 CI 订正)(表 1.8),结果表明:通过资料分析,干旱等级的订正阈值与原始阈值基本保持一致,等级范围上有细微的差别,接下来用两种指标阈值进一步对贵州省干旱进行对比分析。

表 1.8　干旱等级对应的累积频率及订正前后的阈值表

比例(%)	累积频率(%)	干旱等级	干旱程度	CI	CI 订
2	≤2	1	特旱	$CI \leqslant -2.40$	$CI 订 \leqslant -2.33$
5	2~7	2	重旱	$-2.40 < CI \leqslant -1.80$	$-2.33 < CI 订 \leqslant -1.66$
8	7~15	3	中旱	$-1.80 < CI \leqslant -1.20$	$-1.66 < CI 订 \leqslant -1.15$
15	15~30	4	轻旱	$-1.20 < CI \leqslant -0.60$	$-1.15 < CI 订 \leqslant -0.52$
70	30~100	5	无旱	$-0.60 < CI$	$-0.52 < CI 订$

对不同阈值下的单日干旱等级分布进行对比(图 1.3),从 CI 指标订正前后的分布范围来看,特重级以上的区域分布有明显的差异,CI 订阈值下的特重级干旱范围明显比 CI 阈值下的干旱范围大得多。

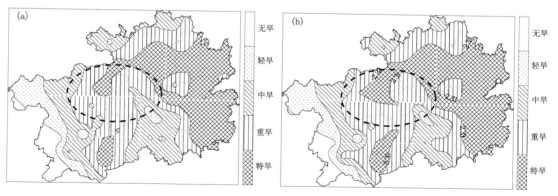

图 1.3　贵州省 2013 年 8 月 13 日不同指标阈值下的单日干旱等级图
(a)CI;(b)CI 订

通过对贵州省 32 个代表站 1961—2013 年的干旱过程以及每个干旱过程持续的天数,对每个台站进行历年干旱日数的统计,可以得到贵州省历年干旱日数演变的情况。由图 1.4 可见,CI 订指标下的干旱日数比 CI 指标总体偏多,但总体的演变趋势较为一致,干旱日数较多的年份有 1963 年、1966 年、1969 年、1988 年、1989 年、2003 年、2009 年、2010 年、2011 年和
2013 年等。通过对上述年份灾害资料的查证,可以看出干旱指标的计算结果与历史干旱年份
记录比较吻合。

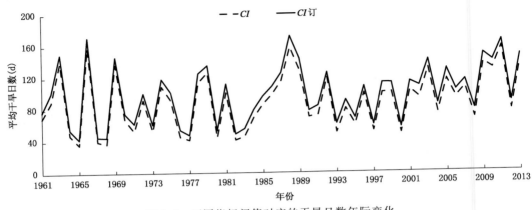

图 1.4　不同指标阈值对应的干旱日数年际变化

通过对贵州省多年平均干旱过程强度的分析,CI 订指标下的干旱过程强度和范围比 CI
指标偏大,空间分布基本一致,强度较大的主要集中在南部、东南部、西部、西北—东北一线等
区域(图 1.5)。

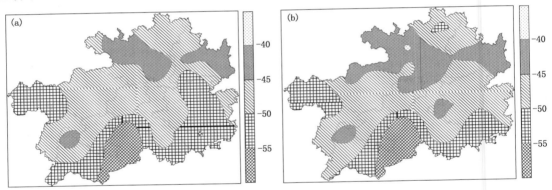

图 1.5　贵州省多年平均干旱过程强度空间分布图
(a)CI;(b)CI 订

根据 CI 和 CI 订两个干旱阈值,对贵阳市进行干旱过程统计可以看出,CI 订比 CI 判断
的干旱过程次数更多,而且个别单次过程持续的时间更长(表 1.9);从过程连续性来看,以
2009—2010 年大旱为例,CI 订比 CI 判断的干旱过程更为延续(图略),能更好地反映出干旱
的持续性影响能力。

表 1.9　不同干旱阈值下贵阳市干旱过程表

	干旱过程次数(次) (1961—2013 年)	个别单次过程 起止日期	单次干旱过程 持续天数(d)	干旱过程强度
CI	147	2003.7.30—11.26	120	−250.7
CI 订	160	2003.7.29—12.3	128	−254.7

　　根据订正后的指标计算出来的干旱,在日、月、季、年等不同时间尺度以及干旱过程强度的分布范围等都比原指标偏大,且判断出来的干旱过程次数更多、连续性更强,能够更好地体现干旱的长期性、持久性影响,加上修订的阈值是用贵州省实况资料统计而来,更加适合贵州气候平均态(龙俐 等,2014)。

1.1.7.4　贵州温度植被干旱指数特征及应用

　　归一化植被指数($NDVI$)作为水分胁迫指标适宜在植被覆盖条件下使用,但存在一定的滞后性;归一化温度指数($NDTI$)能很好地描述土壤供水能力,比 $NDVI$ 具有更高的时效性;以冠层或叶片辐射温度信息作为旱情评价指标早在 20 世纪 80 年代初期就得到了广泛的应用,但两者都受土壤背景信息的影响。综合陆面温度模式和植被指数模式的长处,学者们创立了植被指数与陆面温度相结合的 $NDVI$—Ts 特征图来评价区域旱情,有效地减小了植被覆盖度对干旱监测的影响,准确性更高,实用性更强。MODIS 作为新一代对地观测仪器,具有从可见光到远红外 36 个波段,频率划分细,空间分辨率比 NOAA/AVHRR 也有所提高,为更精确、更稳定的陆面温度反演创造了条件,非常适合用于干旱监测。因此,利用 MODIS 植被指数和陆地表面温度建立贵州喀斯特高原山区 $NDVI$—Ts 特征图,然后计算其温度植被干旱指数($TVDI$)分析其土壤干旱状况,并通过各地气象局信息和野外同步采样的土壤湿度数据验证,进行贵州喀斯特山区干旱预警与监测运用研究。

　　运用 $TVDI$ 的计算原理,选取了近年来较为典型的遥感资料进行分析处理,得到贵州的 $NDVI$—Ts 特征图(图 1.6)。可以看到三张图中的干边或湿边形状分别均很相似,呈现一种独特的"弓形"结构,干边为一条向下开口的曲线,两端与湿边连接,形成一条闭合曲线。形成这一分布状况与喀斯特地质地貌和空气中水汽多、云量大有关,其成因有待进一步研究。图中当 $NDVI$ 取一定值时陆地表面温度最大值达到最大,偏离这一值时,陆地表面温度最大值均逐渐减小,尤其是随着 $NDVI$ 值的增大,陆地表面温度的最大值与 $NDVI$ 呈较好的线性关系,而陆地表面温度的最小值则变化不大,总体呈略微增加的趋势。

　　$TDVI$ 作为干旱分级指标,将干旱划分湿润($0<TVDI<0.2$),正常($0.2<TVDI<0.4$),轻旱($0.4<TVDI<0.6$)和重旱($0.8<TVDI<1.0$)4 级,得到干旱等级分布图(图 1.7)。图 1.7(a)是贵州省 2006 年 7 月 25 日的 $TVDI$ 等级分布图,时值贵州北面的川渝正遭受 50 年一遇的高温干旱天气,由图可见,与之接壤的贵州北部的部分地区亦有不同程度干旱发生。图 1.7(b)是 2007 年 8 月 19 日干旱等级分布图。如图 1.7 所示,贵州省北部地区处于重庆干旱区域的南部边缘,持续的干旱少雨天气,使得该区域出现一定旱情,其中赤水、沿河、绥阳等县干旱较重。

　　在全省 43 个土壤湿度观测站中,挑选出晴空云少的站点 0～10 cm 土壤湿度重量百分比数据,以土壤湿度重量百分比为横坐标,$TVDI$ 值为纵坐标,形成土壤含水量—$TVDI$ 的散点图(图 1.8),两图中除了个别的数据外,可以看出土壤湿度和温度植被干旱指数表现出明显负相关关系,对线性拟合结果经过 t 检验发现线性回归方程达到显著水平,这说明温度植被干旱指数能够反映地表土壤水分状况,作为干旱评价指标有一定的合理性,表明使用 $TVDI$ 进行表层土壤水分干旱监测具有一定的应用价值(康为民 等,2008)。

1.1.7.5　GEV 干旱指数的应用检验

　　选取贵州省气候中心公布的 2011 年春季各月气象干旱综合指数(MCI)监测,并与计算

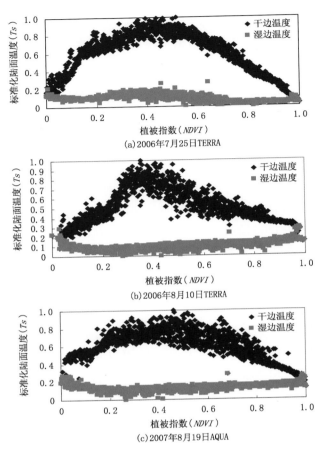

(a) 2006年7月25日TERRA

(b) 2006年8月10日TERRA

(c) 2007年8月19日AQUA

图 1.6　贵州省的 *TVDI* 特征

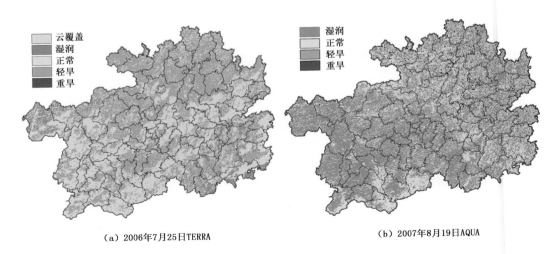

（a）2006年7月25日TERRA　　　　　　　　（b）2007年8月19日AQUA

图 1.7　干旱等级分布图

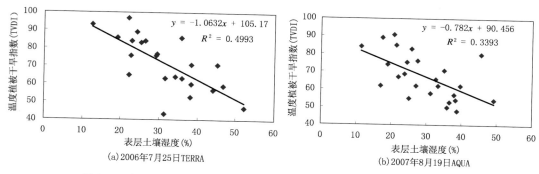

图 1.8 表层土壤湿度重量百分比(％)和温度植被干旱指数(TVDI)关系

GEV 干旱指数等级进行对比。考虑干旱事件的累积效应,通常把每个月最后一天干旱监测作为本月的平均干旱实况。

从图 1.9 分析得出,2011 年 3 月,干旱实况显示贵州东部的铜仁市出现中偏重的早春旱和贵州省西部的毕节市大部以及安顺市北部出现轻级的早春旱,同时,GEV 干旱指数也表明贵州东部的铜仁市大部出现中偏重的早春旱和贵州省西部的毕节市中部以及安顺市北部、六盘水市中东部、贵阳市西部、黔南州西北部等地出现轻—中级的早春旱。对比得出,GEV 干旱指数出现一些虚假的干旱范围(如安顺市东北大部中旱)。

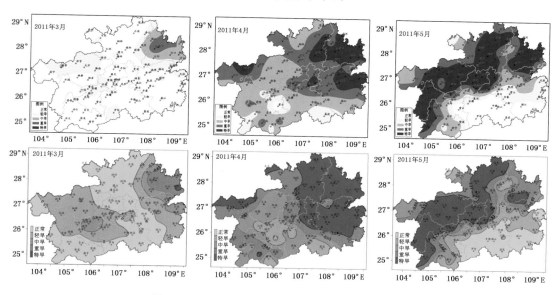

图 1.9 2011 年春季各月干旱监测与回报对比图

据贵州省 2011 年 4 月 MCI 监测可知,除贵州省安顺市局部的紫云无旱外,本省其余地区大部出现重旱,即毕节市中西部、遵义市中南部、铜仁市、黔东南州中北部、黔南州北部、贵阳市东南部和黔西南州局部,其中毕节市中西部的北部、铜仁市大部、黔东南州北部和黔南州北部局部出现特旱。同时,从 2011 年 4 月贵州省 GEV 干旱指数等级分布图与 MCI 监测图对比,各干旱等级分布和强度区域基本一致。

从贵州省 2011 年 5 月 MCI 监测可知,除贵州的黔西南州东部、黔南州中南部和黔东南州南部无旱外,其余区域出现干旱,尤其是贵州省北部出现特旱,与 GEV 干旱指数等级分布对比,干旱出现的趋势基本一致,但强度较月 GEV 干旱指数等级分布偏大,其原因与计算方法和所取资料有差别有关。

综上所述,月 GEV 干旱指数在干旱事件发展阶段可能会出现虚假的干旱范围,当干旱事件发展到一定程度时,若继续用月 GEV 干旱指数作为监测指标,又可能出现干旱强度偏轻的问题,为了避免发展阶段出现虚假信息和干旱超过 2 个月及其以上的持续性干旱事件出现干旱强度偏轻问题,建议计算并应用季 GEV 干旱指数,与实况更接近,如 2011 年 5 月 MCI 监测与 2011 年春季干旱分布及其强度分布基本一致(严小冬 等,2016)。

1.1.7.6　标准化前期降水指数($SAPI^*$)在贵州的适用性分析

由贵州省 2009 年 1 月 1 日至 2011 年 12 月 31 日逐日 $SAPI^*$ 及降水量变化曲线(图1.10)可见,期间发生两次明显的干旱过程,一次开始于 2009 年 8 月 22 日,结束于 2009 年 12月 11 日,期间旱情有所缓解,接着又一次干旱过程开始于 2010 年 1 月 3 日,结束于 2010 年 4月 12 日,这两次跨年干旱过程持续了 212 d,过程强度指数为 -1.01 。另一次开始于 2011 年2 月 22 日,结束于 2011 年 6 月 13 日,期间 6 月中下旬至 7 月初的集中降水过程对旱情有所缓解,但从 2011 年 7 月开始全省主要为高温晴热天气控制(图略),导致干旱迅速发展,在 2011年 7 月 9 日至 2011 年 9 月 30 日期间又发生一次干旱过程,该夏秋连旱过程间断持续 84 d,过程强度指数为 -1.26 。2011 年夏秋连旱过程明显重于 2009—2010 年跨年干旱过程,这与前期降水在相当长的时间内持续偏少,导致水资源存量严重不足密切相关,并且可以发现逐日 $SAPI^*$ 曲线呈典型"锯齿型"波动,随着降水量持续偏少而持续下降,没有出现因为明显的降水移出统计窗口而导致的"不合理旱情加剧"问题,表明 $SAPI^*$ 能够有效刻画干旱累积效应,客观反映干旱的发生、发展和结束过程。

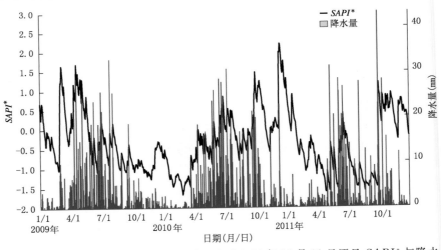

图 1.10　贵州省 85 站平均 2009 年 1 月 1 日至 2011 年 12 月 31 日逐日 $SAPI^*$ 与降水量

贵州省全年气候平均轻旱、中旱、重旱和特旱日频率分别为 21.4%、11.4%、2.4% 和0.2%,合计旱日频率为 35.3%(表 1.10)。与表 1.10 中 $SAPI^*$ 理论频率相比,贵州省平均 $SAPI^*$ 轻旱、重旱及总旱日频率略低,中旱和特旱频率略偏低,总体上一致,进一步表明 API经过时间序列标准化转换后的 $SAPI^*$ 基本符合正态分布。$SAPI^*$ 旱日频率在各季节的主要发生时段是夏季和春季,具体表现为轻旱较易发生在冬季、春季次之,而中旱、重旱和特旱较易发生在夏季、春季次之。另外,在降水量占全年降水量85％的汛期(4—10月)中旱、重旱、特旱和总旱日频率要略高于非汛期(11月至次年3月),而轻旱日频率略低于非汛期。

表 1.10 贵州省逐月气候平均旱日各等级频率(1981—2010 年平均)

月份/季节	月降水量(mm)	SAPI* 旱日频率(%)				
		轻旱	中旱	重旱	特旱	合计
01	28.3	22.0	12.9	2.0	0.1	37.0
02	31.3	25.0	9.4	1.4	0.1	36.0
03	46.9	21.7	11.3	2.5	0.1	35.6
04	91.3	21.3	11.7	2.3	0.1	35.5
05	164.4	20.9	11.4	2.6	0.2	35.1
06	218.3	19.7	11.3	3.2	0.4	34.6
07	196.6	21.8	11.0	2.3	0.1	35.2
08	144.7	20.1	13.2	2.7	0.1	36.1
09	97.5	21.0	11.4	2.5	0.2	35.1
10	88.8	22.7	11.4	2.0	0.2	36.2
11	45.9	19.7	11.1	2.6	0.1	33.5
12	22.8	20.3	11.2	2.7	0.2	34.4
全年	1176.9	21.4	11.4	2.4	0.2	35.3
春季	302.6	21.3	11.4	2.5	0.2	35.4
夏季	559.6	20.6	11.8	2.7	0.2	35.3
秋季	232.2	21.1	11.3	2.3	0.1	34.9
冬季	82.4	22.4	11.2	2.1	0.1	34.8
汛期	1001.6	21.1	11.6	2.5	0.2	35.4
非汛期	175.2	21.7	11.2	2.3	0.1	35.3

从贵州省全年气候平均各等级 SAPI* 旱日频率空间分布看(图 1.11),轻旱较易发生在黔西北、黔中以东地区;中旱较易发生在黔东北和黔南部分地区;重旱日和特旱日频率的空间分布相似,都较易发生在黔西南、黔南、黔西南和黔北部分地区。结合以上对 SAPI* 干旱频率的时间分布特征分析,可以发现在贵州省降水较少的季节或者地区,较易发生一般性干旱,而在贵州省降水较多的季节或者地区较易发生重型干旱。

为解释上述贵州省干旱频率的分布特征,从降水量等级频率入手,主要分析无雨日和降水量级对干旱等级的贡献。如表 1.11 所示,贵州省平均无雨(包括微量降水)、小雨(0.001＜降水量＜10 mm)、中雨(10≤降水量＜25 mm)、大雨(25≤降水量＜50 mm)和暴雨(降水量≥50 mm)频率分别为 52.1％、38.8％、5.9％、2.3％和 0.8％。贵州省在汛期有将近一半时间处于无雨日,但降水量较丰沛,多小雨量级降水,相对非汛期有较多中到暴雨降水、降水较集中;相反,贵州省在降水量仅占全年降水量的 15.0％的非汛期有超过一半的时间处于无雨日,但非汛期较多小雨量级,降水较平稳。

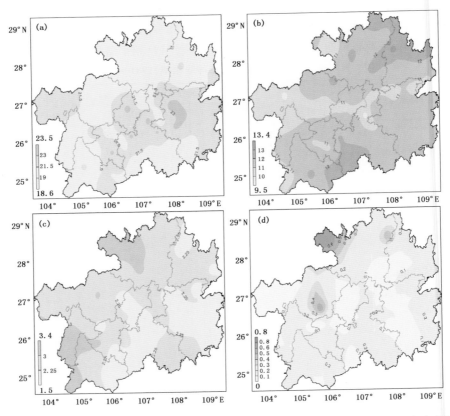

图 1.11　贵州省全年气候平均各等级 *SAPI** 旱日频率(%)空间分布(1981—2010 年气候平均)
(a)轻旱日频率;(b)中旱日频率;(c)重旱日频率;(d)特旱日频率

表 1.11　贵州省逐月平均降水量等级频率(1981—2010 年平均)

月份	月降水量(mm)	降水量等级频率(%)					
		无雨	小雨	中雨	大雨	暴雨	合计
01	28.5	53.2	45.3	1.5	0.1	0.0	100.0
02	31.5	50.2	47.7	1.8	0.3	0.0	100.0
03	47.0	51.1	45.0	3.4	0.5	0.0	100.0
04	91.4	45.3	45.5	6.9	2.0	0.4	100.0
05	164.8	43.7	40.0	10.3	4.5	1.4	100.0
06	219.3	42.1	37.5	11.2	6.1	3.1	100.0
07	197.1	48.7	33.6	9.8	5.2	2.6	100.0
08	145.3	55.2	30.5	8.8	4.1	1.4	100.0
09	97.7	59.7	30.5	6.4	2.6	0.8	100.0
10	88.6	50.0	41.4	6.5	1.8	0.3	100.0
11	45.9	61.7	33.9	3.5	0.8	0.1	100.0
12	22.8	63.8	35.0	1.1	0.1	0.0	100.0
全年	1180.0	52.1	38.8	5.9	2.3	0.8	100.0
汛期	1004.2	49.2	37.0	8.6	3.8	1.4	100.0
非汛期	175.8	56.1	41.3	2.3	0.4	0.0	100.0

　　从贵州省无雨、小—中雨和大—暴雨日频率的空间分布可以发现(图 1.12)，在全年气候平均降水量较平稳的黔西、黔中部分地区出现小—中雨日频率较高，对应无雨日频率较低；相反，在全年气候平均降水量较多的黔西南、黔南、黔东南和黔东北部分地区出现大—暴雨日频率较高，对应着无雨日频率较高；在全年气候平均降水量最少的黔西北地区出现小—中雨频率较高，但对应着无雨日频率较高。结合贵州省全年气候平均各等级 $SAPI^*$ 旱日频率(%)空间分布(图略)中在无雨日较少的黔西北、黔西、黔中部分地区较易发生一般性干旱的分布特征，说明了平稳的多次小—中雨能有效使 API 平稳波动，即对旱情的缓解有增无减；结合在无雨日较多的黔西南、黔南、黔西南和黔北部分地区较易发生重型干旱的分布特征，说明集中的大—暴雨降水，随着时间的推移对干旱缓解的权重将减小，将对旱情的缓解程度大大降低。

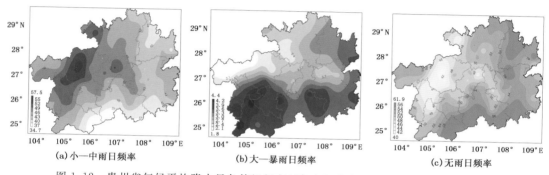

图 1.12　贵州省气候平均降水量各等级频率(%)空间分布(1981—2010 年气候平均)

　　总的来说，降水距平百分率(P_a)能最直观反映降水异常引起的干旱，并且适用于夏半年时段(各月平均气温均在 10 ℃ 以上)，因此，不适用于降水基数小的冬半年；K 干旱指数是同时考虑了降水和蒸发的干旱指数，因此，在评定干旱时段偏长，对夏秋季旱情评估偏重，但考虑了蒸发，对水文上水分的欠缺有一定的反映，其物理意义更加明确；综合气象干旱指数 CI 计算较为复杂，但它既能反映短时间尺度(月)和长时间尺度(季)降水量变化的气候异常情况，又能反映短时间尺度(影响农作物生长)的水分亏缺情况，因此，该指标适合实时气象干旱监测和历史同期气象干旱评估；植被供水指数(VSWI)以及由此演变的归一化植被指数(NDVI)是同时考虑了第四通道遥感亮温，主要用于卫星遥感对干旱的监测，用它来监测干旱具有不可代替的优越性，特别适合于贵州这种常年植被覆盖较高的地区；GEV 干旱指数是基于降水 GEV 分布的概率分布函数和概率密度函数，并可确定降水短缺的时间尺度及其历史的再现规律，因此，该方法也可以用于未来时刻干旱发生的预测；标准化前期降水指数($SAPI^*$)既从气象干旱定义"降水持续偏少导致的水分亏缺现象"出发，又考虑干旱累积效应的影响，能更加直观、有效地对气象干旱过程进行监测及预测，提高对气象干旱过程发生、发展、结束过程的把握。因此，在实际工作当中，针对不同的情况，应采用不同的干旱标准(白慧 等，2013)。

1.2　贵州干旱的成因分析

1.2.1　贵州省夏旱的成因分析

　　选用《气象干旱等级》国家标准(GB/T 20481—2006)中降水量距平百分率(P_a)来表征夏

半年各月的降水量气候态值偏少的程度,因为该指标能直观反映降水异常引起的干旱,并且适用于夏半年时段(各月平均气温均在10℃以上)。

对贵州省夏半年降水极端偏少年份各月的干旱情况进行统计(表1.12)。历史上贵州的旱灾主要发生于夏秋之际,其中中旱有82%发生7—9月,重旱和特旱100%都发生于7—9月,6月基本无旱情发生,4—5月的晚春旱发生频率仅为14%;中旱在7月出现频率最高,其次8月,再次9月;重旱在8月出现频率最高,其次9月,再次7月;特旱主要出现在8月和9月。表明贵州夏半年降水量偏少导致的气象干旱主要表现为伏旱及夏秋连旱。

表1.12　1981—2010年贵州省夏半年降水极端偏少年各等级干旱站次统计

年份	4月			5月			6月			7月			8月			9月		
	中旱	重旱	特旱	中旱	重旱	特旱	中旱	重旱	特旱	中旱	重旱	特旱	中旱	重旱	特旱	中旱	重旱	特旱
1981	0	0	0	0	0	0	2	0	0	5	2	0	9	4	1	0	0	0
1989	3	0	0	3	0	0	0	0	0	12	1	0	4	0	0	0	0	0
2005	3	0	0	0	0	0	0	0	0	4	0	0	1	0	0	6	5	1
2006	4	0	0	0	0	0	1	0	0	6	0	0	5	1	0	3	0	0
2009	0	0	0	0	0	0	0	0	0	3	0	0	7	4	0	11	3	0

水汽输送和大尺度环流形势密切相关,降水异常的发生与大气环流持续密切相关,我们的研究表明,影响贵州降水异常的主要环流系统有南亚高压、印度西南季风、西太平洋副热带高压、中高纬度对流层上层西风急流。这些系统位置和强度的异常是造成贵州降水异常的主要原因。由贵州夏半年降水偏少造成的干旱气候异常变化,必然是由异常的大气环流异常导致,为讨论典型的降水异常主模态对应的水汽输送异常和环流形势,将EOF第一模态的主分量序列PC与干旱盛期7—8月低层水汽输送、500 hPa位势高度场和200 hPa纬向风场的标准化距平求相关,相关系数的分布可揭示相应的水汽输送异常和环流异常。

如图1.13(a)所示,EOF1降水偏少时,对应的低层水汽输送形势在东亚地区上空沿120°E从低纬到高纬出现异常气旋环流—异常反气旋环流—异常气旋环流形势分布,其中西北太平洋低纬地区气旋异常环流,它在前期冬季形成后一直可维持到夏季,使夏季副热带高压偏北,同时,注意到贵州上空出现一个异常反气旋环流,这种环流配置下副高西侧的低空偏南气流对贵州的水汽输送较弱,加之贵州在异常反气旋的控制下受冷空气影响较弱,不利于南方暖湿空气和北方冷空气在贵州上空辐合,从而引起降水量减少,表明低空副高西侧偏南气流的水汽输送与贵州北部偏北风带来的水汽辐合对降水异常起着重要作用。对应着对流层中层500 hPa位势高度场的分布呈"－ ＋ －"距平分布型(图1.13b),副高异常中心较气候平均副高位置偏北,对应副高西侧向北的水汽输送加强,但对贵州的水汽输送减弱。在高空200 hPa,贵州地区位于气候平均高空西风急流出口区的右侧,且急流轴表现为西风异常,表明急流轴的西风加强,利于贵州上空的下沉气流增强,使对流减弱和降水量减少(图1.13c)。

从前面大尺度环流场合成分析发现,500 hPa位势高度场在贵州夏半年降水典型偏少年的7—8月在东亚地区从低纬到高纬表现为"－ ＋ －"距平分布型,并对应着低层850 hPa的异常气旋—异常反气旋—异常气旋流场分布,"－ ＋ －"距平分布型的出现是大气环流对ENSO遥强迫响应的结果,是大气环流和海温相互作用的表现。ENSO循环是年际气候变化最强的信号,而且ENSO循环的不同阶段能引起我国夏季降水异常不同的分布,这已成为预

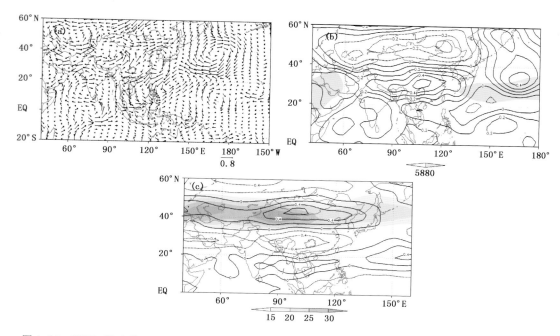

图 1.13　EOF1 降水偏少时相应的要素场：(a)850 hPa 水汽输送异常与 PC1 的负相关系数(等值线：
相关系数；阴影：通过 0.05 信度检验的区域)；(b)500 hPa 位势高度异常与 PC1 的负相关系数
(等值线：相关系数；阴影：气候态 500 hPa 位势高度)；(c) 200 hPa 纬向风异常与 PC1 的
负相关系数(等值线：相关系数；阴影：气候态 200 hPa 纬向风)

测我国夏季汛期旱涝分布的重要依据之一。针对贵州省夏季降水与前期赤道中东太平洋海温的不同位相的相关性研究表明，二者之间具有一定的滞后相关性，对短期气候预测有着一定得指示意义。从夏半年降水异常偏少年份出发，对前期赤道中东太平洋的 NINO1＋2 区、NI-NO3、NINO4 和 NINO3.4 区海温指数做合成分析(图 1.14)，发现贵州夏半年降水异常偏少年时，赤道中东太平洋 SSTA 在前期春季就处于冷位相状态，并持续发展，在同期 1 月达到峰值，之后海温开始回升，至同期春末夏初恢复正常，并逐渐回升。

如图 1.15 所示，对贵州夏半年降水偏少年前期的夏季(6—8 月)、冬季(12 至次年 2 月)海温场进行合成，发现赤道中东太平洋的海温从夏季到冬季都持续偏低，且冬季冷水的范围和强度都有所扩大和增强，海温冷位相分布形式与 La Nina 十分相似。另外，由于西太平洋暖池区 SSTA 从前期夏季冷位相向冬季成暖位相转变的分布形式，导致其上空的对流活动在夏季弱，低层气流辐散加强，反气旋性环流增强，利于赤道西太平洋产生东风异常，而西太平洋暖池处于异常冷的状态和西太平洋上空东风异常都是 La Nina 事件的发生的必要条件；当冬季西太平洋暖池 SSTA 转变成暖位相时，其上空对流活动强，低层气流辐合加强，气旋性环流增强，且该异常气旋环流在冬季形成后一直可维持到夏季(图略)。这种大气环流和海洋之间的相互影响、相互调整导致大气环流和海温异常的稳定和维持，异常的大气环流是导致降水异常的直接原因。通过对贵州夏半年降水典型偏少年前期夏季至冬季的 NINO 指数统计表明，在赤道中东太平洋 SST 处于冷位相的次年，贵州夏半年降水偏少的概率为 80%；在 La Nina 事件的次年，贵州夏半年降水偏少的概率为 100%。表明赤道太平洋海温异常导致的大气环流异常

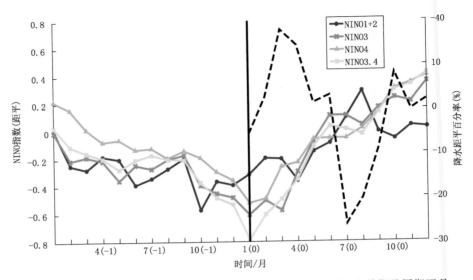

图 1.14　EOF1 降水偏少年合成的逐月降水距平百分率(虚线)和前期及同期逐月
NINO 指数(圆点:NINO1+2 指数;x 符号:NINO3 指数;三角:NINO4 指数;
方块:NINO3.4 指数)(−1:表示前一年;0:表示同一年)

具有稳定性和持续性,对次年夏半年贵州降水产生明显滞后效应,尤其在 La Nina 事件的次
年,其影响更为显著(白慧 等,2012)。

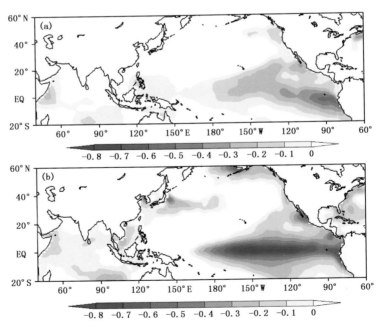

图 1.15　EOF1 降水偏少年合成的(a)前一年夏季 SST 距平场和(b)前一年冬季 SST 距平场

1.2.2 2009—2010 年贵州秋冬春季节连旱的成因分析

季节连旱是在特定的大尺度天气形势下发生的,根据以往对贵州各季干旱天气的环流背景分析可知,贵州秋、冬、春季干旱的重要影响系统是西南热低压,它的存在常伴随有晴朗少云、气压较低、气温较高、湿度较小、蒸发旺盛、无降水、盛行偏南大风的天气特征。西南热低压又是在特定的大范围环流形势下的产物。

从 2009 年 9 月北半球 100 hPa 平均高度距平值(图 1.16a)中可以看出,中国大陆基本存在显著的正距平,且内蒙古中部—河南为 80 gpm 的正距平中心,说明该月极涡偏弱,南亚高压偏强;而北半球 500 hPa 平均高度距平图上(图 1.16b),除中国的东北角以外存在显著的正距平,西南地区正距平为 10 gpm 左右,说明东亚大槽强度较常年偏弱,影响中国的冷空气强度偏弱;西北太平洋副热带高压(简称副高,下同)整体呈东西带状分布,副高西脊点在 100°E 以西,脊线在 25°N 附近,西伸脊点较常年平均偏西 35 个经度,强度较常年偏强;相应地,在海平面平均气压距平图上(图 1.16c),宁夏—四川与重庆交界—湖南与贵州交界—华南为负距平区,说明此区域内气压比常年偏低,冷空气影响弱,且四川东南部—重庆西南部—贵州中部—云南中部受热低压影响。这种环流形势配置是造成贵州 9 月高温少雨的直接原因。到 10 月,100 hPa 上的正距平范围有所缩小,强度有所减弱,正距平中心(30 gpm)在西藏东部—

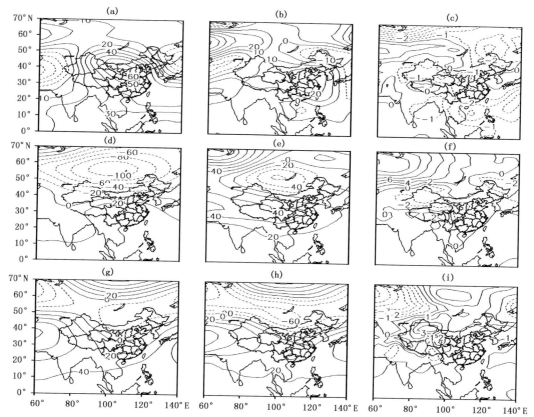

图 1.16 2009 年 9 月(a~c)、2010 年(d~f)、2010 年 3 月(g~i)100 hPa、500 hPa 高度场距平(单位:gpm)及海平面气压场距平(单位:hPa)

四川大部—贵州南部；500 hPa 上的西南地区东部还是存在仍为 10 gpm 左右的正距平；但海平面气压场上负距平区范围扩大且强度增强，即中国基本为负距平区，且四川—重庆—贵州西部—云南中部受热低压影响。11 月，100 hPa 上，负距平中心增强北上，其中心（−100 gpm）位于贝加尔湖的东北部，此种环流形势说明西伯利亚极涡较 10 月有所增强，并有向东移的趋势；500 hPa 上的正距平区域范围较 10 月份进一步缩小，基本上只有西藏中部—四川南部—贵州北部—湖南南部以南地区，且强度减弱，说明影响中国的冷空气有所增强；相应地，在海平面气压场上，负距平区范围也较 10 月份缩小，但西南地区仍处在负距平区内，且热低压维持少动。12 月，100 hPa 上的正距平区范围进一步缩小，只有云南—贵州西南部—广西中部以南地区为正距平区；500 hPa 上整个欧亚地区为负距平，亚洲中高纬度以西北气流为主，东亚大槽略偏西，中纬度锋区偏北，说明该月冷空气活动偏东；副高仍呈带状分布，其北界在 20°N 以南，西脊点在 112°E 附近；海平面气压场上，中国基本上处于负距平区。故冷空气活动和水汽条件均对贵州降水不是十分有利。

　　从 2010 年 1 月北半球 100 hPa 平均高度距平值（图 1.16d）看到，负距平值减弱北上在贝加尔湖附近，中国基本上为正距平值，其中心（60 gpm）在长江中游一带，说明该月西伯利亚极涡较 2009 年 12 月有所减弱，南亚高压增强控制中国大部地区；500 hPa 上（图 1.16e），从孟加拉湾到中国，高度场为正距平，尤其是贵州西部—湖北—河南南部以西地区为 40 gpm 的正距平值，说明该月南支槽的强度较常年同期偏弱，不利于来自孟加拉湾以及印度洋的水汽向中国输送，加上东亚大槽较常年略偏东，难以引导冷空气南下影响贵州；同时海平面气压场上（图 1.16f），新疆中部—四川中部—贵州西部以西地区为正距平值，且热低压在四川南部—贵州西部—云南东部之间。这种环流形势的配置是造成贵州，尤其是西部的降水较常年同期显著偏少的原因。到了 2 月，西伯利亚极涡增强，其中心（−150 gpm）位于贝加尔湖的西南面，新疆中部—内蒙古—东北地区以及长江中、下游为负距平值，但贵州—广西—云南仍为正距平值，说明该月极涡虽强，但位置偏北；而 500 hPa 上西南地区仍为正距平，说明该月东亚大槽较弱，冷空气活动偏北；相应地，海平面气压场上，贝加尔湖—华中—华南为负距平区，且热低压维持少动。所以不利于冷空气南下影响华中以南地区。

　　从 2010 年 3 月北半球 100 hPa 平均高度距平值（图 1.16g）中可以看出，正距平区范围较 2 月扩大，负距平中心（−60 gpm）仍在贝加尔湖，说明该月西伯利亚极涡减弱，南亚高压增强，且控制中国及以西地区；从图 1.16h 看到，中国除内蒙古—东北地区外均存在显著的正距平值，虽然欧亚中高纬度地区有高的负距平值，但欧亚大槽向南伸展较弱，加上副高呈东西带状分布，与常年同期相比明显偏强，特别是副高西脊点西伸至印度洋一带；同时由图 1.16i 看到，西伯利亚北部—内蒙古和孟加拉湾均为负距平区，说明该月能够影响到贵州的冷空气较弱和输送到贵州上空的水汽不足，为贵州干旱天气的持续提供了充分的条件。到 4 月，100 hPa 上负距平值增大，且向南扩展，但青藏高原—云贵高原—华南仍维持正距平值；500 hPa 上长江以南地区仍维持正距平值，尤其是贵州西部—云南存在 20 gpm 的正距平值；而海平面气压场上，孟加拉湾—云南—贵州西部处在负距平区，同时四川南部边缘—云南中部—贵州西部—广西的西南部仍受热低压影响，表明该区域未能受北方冷空气影响。因此，这就造成了贵州西部—云南持续干旱，而贵州东部旱情基本解除。到春末（5 月），100 hPa 上，巴尔喀什湖—新疆中部—贝加尔湖为负距平区，其中心值较 4 月减少 60 gpm，但云南中部—贵州西部—广西西部正距平值较 4 月增加了 10 gpm，说明该月西伯利亚极涡减弱，南亚高压增强；500 hPa 上的正距平区范围较 4 月有所缩小,强度有所减弱;而青海—甘肃以北地区为负距平值,且南支槽平均位置在 90°E 附近,且南支波动较多;海平面气压场上,贝加尔湖—中国—南海为弱的负距平区,热低压仍维持在四川南部—云南—贵州西部—广西西部。因此,该月有利于贵州东部降水发生,而西部直到 5 月下旬才有较明显的降水天气发生(池再香 等,2012)。

1.2.3 贵州省 2011 年夏旱的成因分析

2011 年汛期 6—8 月贵州省气温普遍偏高,贵州省西北部、西南部及零星河谷地带偏高明显,全省总体偏高约 0.8 ℃;降水量时空分布不均,前夏基本正常,中后夏大部显著偏少,全季除省北部局部区域正常外,其他大部地区偏少,全省总体偏少约 36.5%。由于受持续少雨及高温天气影响,贵州省遭受了继 2009—2010 年西南大旱之后的又一次严重干旱,7 月底,省东部、南部 27 站次出现了极端高温。8 月,贵州省继续遭受严重的高温及伏旱灾害,期间有 5 d 最高气温达 35 ℃以上的范围维持在 30 个县(站)以上。截至 8 月 31 日 20 时,贵州省 27 个县市出现特旱,36 个县市区出现重旱、18 个县市出现中旱、3 个县市出现轻旱,只有 1 个县无旱。特旱区域主要分布在铜仁地区西部、黔东南州中西部、黔南州中东部及南部、六盘水市南部、黔西南州西南部、遵义市东部局地,与气候平均的夏半年降水距平百分率中心位置分布一致(图略)。

对 2011 年 7—8 月水汽异常输送及相应的大尺度环流型分布做合成分析发现,与贵州省夏半年降水典型偏少年的高低空的系统配置异常一致,表现出在 850 hPa 低空在东亚地区上空从低纬到高纬出现异常气旋环流—异常反气旋环流—异常气旋环流形势分布,位置较气候平均偏东,在贵州上空同样存在一异常反气旋,并对应着水汽通量负异常区(图 1.17a);对流层中层 500 hPa 位势高度场在东亚沿岸的分布为"— + —"距平分布型(图 1.17b);在高空

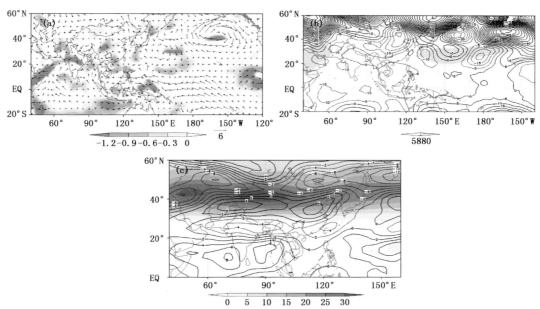

图 1.17　2011 年 7—8 月相应的合成要素场:(a)850 hPa 水汽输送异常(箭头:水汽通量矢量;阴影:水汽通量)
(b)500 hPa 位势高度异常(等值线:2011 年 500 hPa 异常位势高度;阴影:气候态 500 hPa 位势高度);
(c)200 hPa 纬向风异常(等值线:2011 年 200 hPa 异常纬向风;阴影:气候态 200 hPa 纬向风)

200 hPa,贵州地区位于气候平均高空西风急流出口区的右侧,且急流轴表现为西风异常(图1.17c),表明急流轴的西风加强,利于贵州上空的下沉气流增强。以上高低空环流异常型的分布特征进一步说明了异常的大气环流造成异常的水汽输送,是造成 2011 年 7—8 月贵州夏旱的主要原因。

对 2011 年夏旱前期的赤道太平洋 NINO1+2 区、NINO3、NINO4 和 NINO3.4 区海温指数做合成分析发现(图 1.18),在 2010 年赤道中东太平洋 SSTA 在前期夏季就处于冷位相状态,并持续发展,在同期秋末初冬达到峰值,之后海温开始回升,至同期春末夏初恢复正常,并逐渐回升,为一次典型的中部型 La Nina 事件(吴战平 等,2011)。

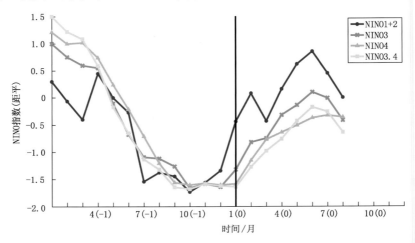

图 1.18　2010 年 1 月至 2011 年 8 月逐月 NINO 指数(圆点:NINO1+2 指数;x 符号:NINO3 指数;三角:NINO4 指数;方块:NINO3.4 指数)(-1:表示 2010 年;0:表示 2011 年)

(-1:表示前一年;0:表示同一年)

1.2.4　2011 年与 2013 年干旱环流对比分析

2011 年(图 1.19a)和 2013(图 1.19b)年 7—8 月贵州省平均降雨量分别为 116.3 mm 和 177.7 mm,其降水偏少排位为 1981 年以来同期第一和第二。2011 年贵州省大部地区降水量与"气候态"相比偏少 21%～92%,有 16 个县市偏少 80% 以上,占 18%,施秉、独山两个县偏少 90% 以上,全省无雨日数均在 30 d 以上,其中岑巩 52 d,突破历史记录。

2013 年贵州省大部地区降水量与气候态相比偏少 5%～81%,属偏少至特少,其中遵义、印江、湄潭、沿河、正安等 12 个县市偏少 70% 以上。全省无降雨日数为 15～51 d,有 45 个县市大于 40 d,其中遵义无降雨日数达到 51 d,突破历史纪录。

西太平洋副热带高压、中高纬度的槽脊波动是对流层中层大气环流的重要组成部分,对我国夏季大范围旱涝分布及亚洲的天气气候均有重要影响。

2011 年和 2013 年 7—8 月 500 hPa 位势高度场显示(图 1.20a,图 1.20b),中高纬气流平直,乌拉尔山附近的脊和欧洲浅槽偏弱。常年位于贝加尔湖的冷涡偏弱,尤其是 2013 年该地区为一个气流平直的浅槽,基本上没有低涡存在,我国北方地区环流也比较平直,常年位于新疆的冷涡中心也明显减弱,东亚大槽比较浅,西副高较常年明显偏强,面积偏大,脊线位于28°N 附近,明显偏北,西伸明显,整个亚洲地区基本处于正距平的控制之下,常年位于孟加拉湾的水汽输送槽变为中心强度为 5850 gpm 的高压脊。

从 2011 年和 2013 年对比可以看出,2011 年的正距平区出现在贵州南部,2013 年的正距平区出现在贵州北部。2013 年的中高纬地区比 2011 年更加平直,2013 年整个中高纬度地区没有明显的槽,在我国范围内为一致的偏西气流,副高脊线更加偏北偏西,西伸脊点到达 120°E 左右,副高控制的区域比常年偏强 20~35 gpm。

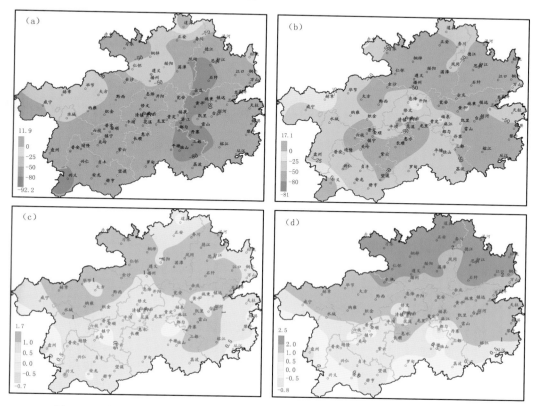

图 1.19　贵州省 2011 年(a)和 2013 年(b)7—8 月降水距平百分率(%)空间分布及
2011 年(c)和 2013 年(d)7—8 月气温(℃)距平空间分布

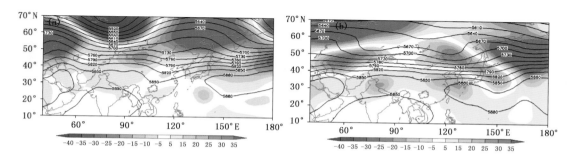

图 1.20　2011 年(a)和 2013 年(b)7—8 月 500 hPa 高度距平图(单位:gpm,阴影区表示距平)

从 2011 年 7—8 月 500 hPa 上的温度距平场和风场图可以看出(图 1.21a),从贝加尔湖到我国新疆、内蒙古一带的冷中心偏弱,处于正距平控制,常年来自于中高纬度地区的北风也偏

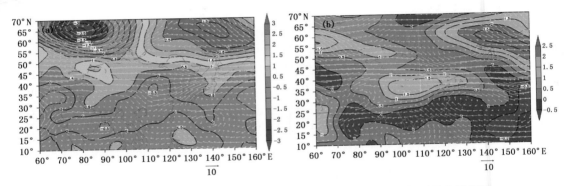

图 1.21　贵州省 2011 年(a)和 2013 年(b)7—8 月 500 hPa 温度场距平和风场图
（单位：℃,阴影区和等值线表示距平,流线表示风场）

弱,中高纬地区以偏西气流为主。常年位于四川、贵州一带的冷暖空气交汇带不明显。2013
年 7—8 月（图 1.21b）,整个中高纬地区都处于正距平区,在我国的新疆、内蒙古一带出现了一
1.5 ℃的正距平中心,整个中高纬地区也是以偏西气流为主,北风偏弱,常年位于孟加拉湾的
水汽输送带盛行反气旋环流。水汽输送比 2011 年更差。2011 年和 2013 年 7—8 月来自北方
的冷空气偏弱,西北气流不明显,贵州、四川一带没有明显的冷暖空气交汇带,使得这两年 7—
8 月降水偏少、气温偏高,形成了干旱。

　　夏季南亚高压是对流层上部和平流层低层的一个强大而稳定的反气旋环流系统,在 100
hPa 最强,它对北半球大气环流和我国天气气候,特别是对我国夏季大范围旱涝分布及亚洲
的天气气候均有重要影响。

　　2011 年 100 hPa 位势高度场上显示在中低纬度地区呈带状分布（图 1.22a）,中心强度达
到 16850 gpm,较常年偏北,强度明显偏强,比常年偏强 15～20 gpm 其主体控制了整个东亚
地区。贵州整个夏季几乎都受南亚高压的持续控制,从 2013 年 100 hPa 位势高度场来看（图
1.22b）,南亚高压的范围和强度都比 2011 年要强,在整个亚欧中高纬度地区都为正距平,中心
值 16850 gpm 控制的范围要比 2011 年大。南亚高压更偏北偏东,贵州北部也处于正距平区。

　　由于南亚高压与西太平洋副热带高压进退有一定制约关系,具有相向而行、相背而去的特
点,当南亚高压向东伸展时,西太副高常西进。2011 年和 2013 年夏季南亚高压偏强且位置偏
北偏东,有利于西太副高北抬西伸,从而持续控制贵州地区,使得该地降水明显减少。

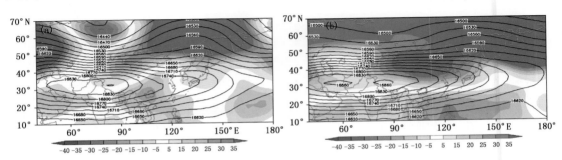

图 1.22　2011 年(a)和 2013 年(b)7—8 月 100hPa 高度距平图（单位:gpm,阴影区表示距平）

向外长波辐射(OLR)可以作为衡量对流活动物理参数,从 2011 年 7—8 月 OLR 实况和距平分布图可以看出(图 1.23a),从青藏高原到湖南一带都受 OLR 正距平场控制,距平值在 5～20 W/m²,贵州处于正距平区的中心,尤其是贵州西部,出现了 20 W/m² 的正值中心,贵州东北部出现了 250 W/m² 大值中心,表明该区的对流活动不明显,为一致的下沉气流,降水较弱,印度洋海域对流活动较强。从 2013 年 7—8 月 OLR 实况和距平分布图可以看出(图 1.23b),云贵高原到长江中下游一带也都受 OLR 正距平场控制,孟加拉湾一带也为正距平场控制,副高强盛,与 500 hPa 上副高控制区域相对应,90°～120°E 出现了 260 W/m² 的大值中心,贵州受 15 W/m² 的正值中心控制,说明贵州常年的水汽输送带孟加拉湾等区域内对流不活跃,没有明显的水汽向北输送。综上所述,2011 年和 2013 年 7—8 月青藏高原、贵州等地及其水汽来源区域的对流活动不明显,成为贵州高温少雨的一个重要原因。

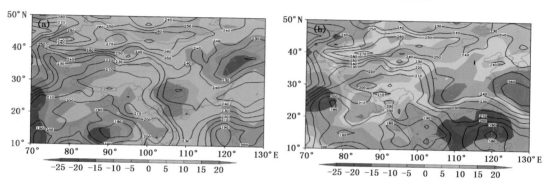

图 1.23　2011 年(a)和 2013 年(b)7—8 月 OLR 及其距平图(单位:W/m²,阴影区表示距平)

进一步从 2011 年 7—8 月 850 hPa 上的水汽通量散度图可以看出(图 1.24a),除贵州西部边缘以外,孟加拉湾、贵州中东部地区都是正距平区,其中贵州东部地区出现了 30×10⁻⁷ g/(cm²·hPa·s)～60×10⁻⁷ g/(cm²·hPa·s)的正距平区,以此对应在 850 hPa,辐散区一直上升到 700hPa 附近,孟加拉湾一带也以辐散为主,水汽输送较差。从 2013 年 7—8 月来看(图 1.24b),在 90°～120°E 范围内 800 hPa 以上基本都处于正距平场,除了贵州西部边缘有弱的辐合区,其余地区都为辐散气流,贵州东部区域也出现了 30×10⁻⁷ g/(cm²·hPa·s)的辐散中心。综上两次干旱过程中贵州基本上都为辐散场,没有明显的水汽辐合,是干旱发生的物质条件(王兴菊 等,2014)。

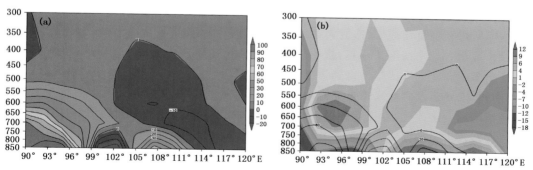

图 1.24　2011 年(a)和 2013 年(b)7—8 月 850 hPa 高度距平图(单位:g/(cm²·hPa·s),阴影区表示距平)

1.2.5　其他方面的原因

除灾害天气过程的原因外,还有以下原因:一是水利基础设施建设相对滞后,设施农业所占份额较低,抗旱能力明显不足;二是受当地财力、物力的影响,尤其是农村劳动力外出比例较高,部分贫困地区群众生产生活困难,投入抗灾救灾的人力物力也明显不足;三是受灾较重的西南部农事季节早于其他地区,以小麦、杂粮、油菜为主的田地,农作物受灾面积广、程度重。主观方面,群众早期抗旱防灾减灾意识普遍缺乏,加上旱情旱灾预警预报科技水平较低和抗旱减灾新技术推广乏力等因素,也加剧了旱灾损失程度。

1.3　贵州干旱业务服务应用

贵州是世界上岩溶地貌发育最典型的地区之一,喀斯特出露面积占全省面积的 61.9%,土层薄、保水能力差,生态环境十分脆弱;境内江河多为雨源性河流,容水少,水资源主要靠降水补给,但山高坡陡,使降水流失快、积蓄水能力差,工程性、季节性缺水明显,在此情况下,如遇季节性降水持续偏少、天气持续晴热高温的情况,极易出现季节性干旱,甚至季节连旱等严重干旱。近年来,贵州共出现了三次季节性干旱,其中包括 2009—2010 年季节连旱、2011 年夏旱和 2013 年夏旱。在应对干旱气象业务服务中,气象部门发挥重要作用,做好气象干旱实时监测评估、预警信号发布工作,及时有效地向全省各级部门提供了各种业务服务产品,为全省抗旱救灾和森林防火工作做出了应有贡献。

1.3.1　2009—2010 季节连旱业务服务应用

1.3.1.1　干旱实况概述

2009 年 7 月和 8 月,全省降水量较常年分别偏少 41.5 mm、51.3 mm,偏少了 22%、33.8%;2009 年 9 月 1 日至 2010 年 5 月 6 日,贵州省 84 站平均降水量在 291.9 mm(赫章)～691.2 mm(万山),其中,东部边缘地区、丹寨、麻江 600 mm 以上,毕节、赫章、威宁少于 400 mm,其余大部分地区在 400～600 mm。与常年比较,铜仁地区大部、遵义市东西部及北部、黔南州北部、黔东南州北部、开阳、平坝正常,其余大部均偏少,偏少幅度为 30%～63.7%(三都),西部部分地区、三都偏少 60% 以上。该时段全省平均降水量为 310.2 mm,为近 50 年同期降水量最少值,较常年偏少 192.4 mm,偏少了 38.3%。

进入冬季后,贵州西部及西南部(黔西南州、黔南州南部、安顺市、六盘水及毕节市西部)出现严重冬旱,再叠加夏秋连旱,造成人畜饮水困难和作物生长受到干旱胁迫、长势差。2010 年入春以后,贵州各地旱情迅速蔓延,夏收粮油作物生长受到抑制,3 月 20 日以后,由于多降雨天气,贵州东部和北部地区旱情得到缓和,其余各地继续加重,造成夏收粮油作物大幅减产,其中黔西南州、安顺市及六盘水市近乎绝收;4 月中旬,安顺市及黔西南州东部出现一次降雨过程,使墒情得到一定改善,春播春种得以勉强开展,威宁、盘县及黔西南州西部春耕春种仍然不能进行,人畜饮水更加紧张。5 月上旬中期,贵州大部出现了较强降雨过程,特别是西部地区出现暴雨,使农业干旱基本解除。

由于前期干旱叠加,使 2010 年冬春季干旱影响更为明显,干旱范围和强度均突破气象历史极值(图 1.25),尤以西部及南部最为严重。据贵州省民政厅灾情统计数据,截至 5 月 11

日,贵州省 9 个市(州、地)88 个县(市、区)中有 85 个县(市、区)不同程度遭受旱灾;受灾总人口 1868.9 万,饮水困难人口 247 万;农作物受灾面积 163.9 万 hm²,其中成灾 105.6 万 hm²,绝收 49.47 万 hm²;因灾造成直接经济损失 132.3 亿元,其中农业直接经济损失 92.51 亿元,工业、基础设施等损失 39.79 亿元。灾害还造成 194.35 万头大牲畜饮水困难。7 月 14 日至 8 月 14 日,贵州省大部分地区以晴热少雨天气为主,有 36 个县(市)出现 35 ℃以上的高温天气;贵州省部分地区出现干旱。全省因夏旱农作物受灾面积 19.3 万 hm²,绝收面积 2 万 hm²。

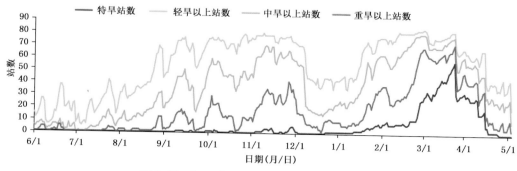

图 1.25　2009 年 6 月至 2010 年 5 月干旱监测

1.3.1.2　业务服务应用

因为本次干旱灾害情况复杂,为做好本次灾害的监测评估,做好各方面的服务工作,技术人员采用了多种指标对干旱进行分析,积极向国家气候中心有关专家咨询技术方法,期间,在国家气候中心组织下,多次组织编写材料就贵州干旱灾情及相关监测评估技术方法与相关省市进行了会商和技术交流。与贵州省防汛抗旱指挥部、省农办、省民政厅、省统计局、农业厅等部门就本次干旱灾害进行了会商,在听取了本次灾害的监测评估及预评估服务材料后,与会人员对贵州的工作高度赞扬,认为其监测评估材料全面,与统计的灾害实情吻合好,预评估及时,为各部门指导下一步的抗旱服务工作提供了重要的科学参考。还根据气象干旱监测情况,对干旱期间的预警信号的提供变更、确认等信息。2010 年先后发布了干旱橙色、红色预警信号,于 2 月 24 日和 27 日、3 月 2 日和 10 日分别启动干旱四级、三级、二级、一级应急服务响应;2010 年 5 月 4 日,解除干旱橙色预警信号,5 月 13 日,解除二级应急服务响应。

据灾后总结,省气象局及各部门制作专题服务材料"贵州省近期干旱影响评价"14 期,与省气象局决策服务中心共同为中国气象局制作"贵州省干旱情况分析日报"6 期,根据省气象局及上级领导的工作安排,组派吴战平率调查组赴贵阳各地进行干旱调查,组织编写了多份其他服务材料(表 1.13)。此外,灾害结束后,环境气候影响评价科对本次灾害以及本次灾害监测服务中遇到的问题进行及时总结,撰写总结报告。制作会议交流材料"贵州气象干旱监测指标检验"参加国家气候中心组织的"CI 研讨会",积极撰写论文投稿,被"2010 年全国流域水文气象服务暨第一届长江流域水文气象服务技术交流会"选为会议交流论文。

表 1.13　2009—2010 年季节连旱业务服务产品

产品类型	干旱监测和影响评价	近期干旱影响评价	气象干旱专题服务	干旱情况分析日报	研讨会	旱情调查与抗旱工作检查报告	全省旱灾灾情会商会
数目	72 期	14 期	98 期	6 期	1 次	1 期	2 次

1.3.1.3　干旱影响评估

2009 年 7 月以来,贵州省降水持续偏少、气温异常偏高,出现了夏秋连旱叠加冬春旱的特大干旱,此次旱灾具有时间长、范围广、旱情重、危害大等特点,是贵州省有气象资料记录以来最为严重的干旱。这次干旱较为复杂,气象干旱过程自夏秋连旱叠加冬春旱以来一直没有中断,只是轻重程度不断变化,重旱等级在空间上随时间不断变化。夏秋重旱区主要在贵州省的东部、北部,但全省性降水偏少,为后期旱情的全面暴发埋下了伏笔。冬春旱自 12 月开始从西南部逐渐向中部以北、以东蔓延。

按照已建 84 个气象站的统计:自 2009 年 7 月 1 日以来累计出现重旱以上 83 个县(市)(图 1.26),比例达 98.8%,其中特重旱累计达 76 个县(市),比例为 90.5%。干旱的范围和强度均突破了贵州省气象历史极值,尤以西部及南部最为严重。

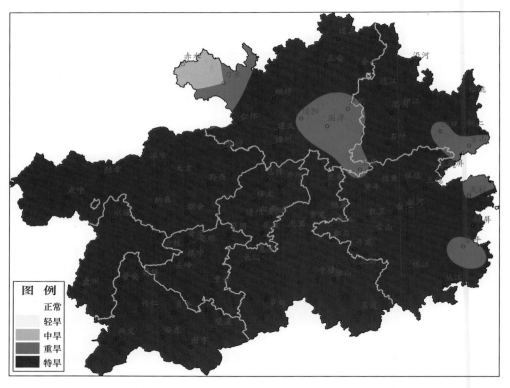

图 1.26　贵州省 2009—2010 年特大气象干旱综合气象干旱指数累积分布图

据综合气象干旱指数监测(图 1.27),本次特大气象干旱,贵州省中旱以上日数为 10 d(赤水)～242 d(兴仁),其中,铜仁地区大部、遵义市东西部、黔东南州东部边缘、荔波、贵定在 100 d以下,中部以西、以南地区、黔东南州西部在 150 d 以上,黔西南州大部、六盘水市南部、黔南州西部、安顺市南部、台江在 200 d 以上,其余地区为 100～150 d。

据综合气象干旱指数监测(图 1.28),本次特大气象干旱,贵州省中旱以上监测值之和的绝对值在 128(赤水)～5599(兴仁),中部以西、以南地区、黔东南州西部、遵义、桐梓在 2500 以上,黔西南州大部、六盘水市南部、黔南州西部、安顺市南部在 4000 以上。

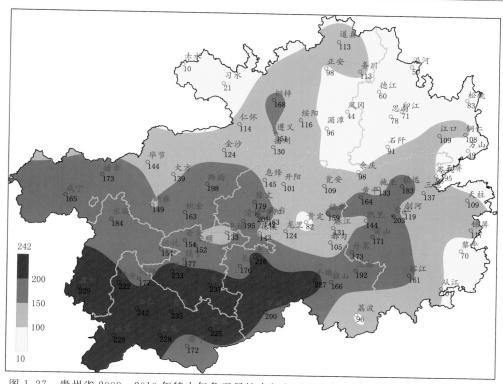

图 1.27 贵州省 2009—2010 年特大气象干旱综合气象干旱指数监测中旱以上日数(d)分布图

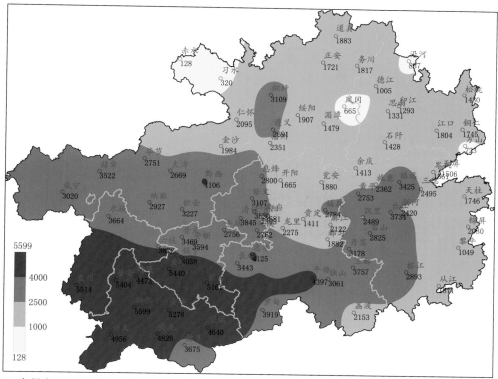

图 1.28 贵州省 2009—2010 年特大气象干旱综合气象干旱指数监测中旱以上监测值之和(一位小数)分布图

据省民政厅统计,截至 4 月 29 日,全省 9 个市(州、地)88 个县(市、区)中有 85 个县(市、区)不同程度遭受旱灾。总受灾 1868.9 万人,尚有 317.64 万人、270.44 万头大牲畜饮水困难;农作物受灾面积 163.9 万 hm²,其中成灾面积 105.6 万 hm²、绝收面积 49.47 万 hm²;直接经济损失 132.3 亿元,其中农业损失 92.51 亿元。

1.3.2　2011 年干旱业务服务应用

1.3.2.1　干旱实况及影响评估

2011 年 1 月 1 日至 9 月 6 日,贵州平均降水量 572.5 mm,比常年同期(895.8 mm)偏少 36.1%,为 1951 年以来历史同期最少值。特别是 6 月下旬以来,贵州降水异常偏少,气温偏高,高温天气频繁。6 月 21 日至 9 月 6 日,贵州平均降水量仅有 171.7 mm,比常年同期 (421.3 mm)偏少 59.2%,为 1951 年以来历史同期最少值(图 1.29);无雨日数达 56.6 d,比常年同期(37 d)偏多 19.6 d,为 1951 年以来历史同期第一位(图 1.30);高温日数达 12 d,为 1951 年以来历史同期第一位;平均气温为 1951 年以来历史同期第三高值。

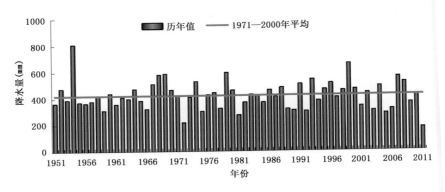

图 1.29　贵州省 6 月 21 日至 9 月 6 日平均降水量历年变化(1951—2011 年)

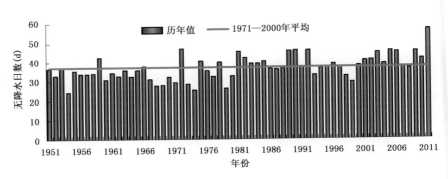

图 1.30　贵州省 6 月 21 日至 9 月 6 日平均无降水日数历年变化(1951—2011 年)

2011 年 7 月贵州省进入少雨时段,7 月 20 日旱象露头,之后迅速发展并蔓延,且与农作物需水关键期相遇,呈现干旱发展快、影响范围广、多因素叠加、受害程度重等特点,至 8 月 3 日,全省发生干旱的县数达 79 个,其中,特旱 15 个、重旱 18 个(图 1.31)。8 月 4—6 日的较大范围降水,仅使全省部分地区的旱情得到有限缓解,总体呈现旱地墒情改善、局部暂时缓解、大部持续或发展、稻田积水不多的特点。据 8 月 7 日监测,特旱县市降至 5 个,重旱县市降至 12 个。8 月 7 日后全省再次进入少雨时段,干旱再次发展和蔓延,据 11 日监测,特旱县市增至 8 个、重旱县市增至 22 个。结合贵州省农委、省水利厅、省减灾委灾情数据和实际调查情况综合分析表明,截至 8 月 22 日,贵州除遵义市北部边缘外,省内其余地区均出现不同程度的干旱,干旱影响总体已达重旱等级,重旱以上区域已占全省面积的 70%,其中,特旱 26 个县(市、区),重旱 35 个县(市、区)。2011 年 9 月 28 日至 10 月 2 日贵州省出现持续稳定降水,普遍在 50 mm 以上,局部超过 100 mm,土壤墒情得到明显改善,水库塘水位不同程度上涨,重旱以上县(市)数由 9 月 29 日的 69 个(35 个特旱、34 个重旱),减少到 14 个(2 个特旱、12 个重旱)。

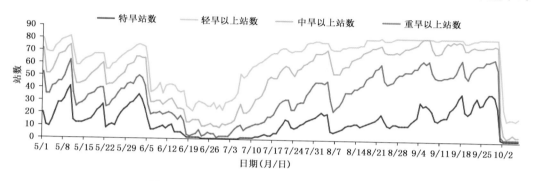

图 1.31　2011 年 5 月至 10 月干旱监测情况

此次干旱具有持续时间长、灾害损失重、危害程度深、影响范围广的特点,给贵州省人民群众生活和国民经济的正常运行带来了严重影响。据贵州省农委统计,2011 年,干旱造成全省农业直接经济损失 86.4 亿元,其中,农作物受灾 2042 万亩[①],成灾 1240 万亩,绝收 388.3 万亩;果园受灾 124.6 万亩,成灾 47.14 万亩,绝收 6.21 万亩,茶园受灾 151 万亩,成灾 69.13 万亩,绝收 17.12 万亩。据省烟草局统计,干旱已造成全省烤烟受灾 178 万亩,预计损失 118 万担,烟农减收超过 9.8 亿元。据水利部门统计,干旱已造成全省 442.6 万人、237.1 万头大牲畜发生临时饮水困难,主要江河来水偏少 2～9 成,179 条溪河断流;水利工程蓄水量比 2010 年同期偏少 3 成以上,342 座小型水库干涸,多数水电站已接近死水位。随着干旱持续时间的延长,干旱影响行业正逐步蔓延扩大,波及面越来越广,干旱影响已从农业、水利波及到林业、电力、工业及生态等行业和领域,对国民经济运行带来了严重影响。全省林业受灾面积近 482 万亩,共造成直接经济损失 14.32 亿元,发生森林火灾 13 起;全省水力发电基本瘫痪,平均限电负荷 350 万 kW,最高 410 万 kW,超过省内最大负荷需求的 30%;全省因错峰限电被迫停产或减产工业企业达到 360 户,粮食价格因农民惜售上涨 0.1～0.2 元;土壤墒情恶化,生态影响严峻且滞后效应正逐步显现。

1.3.2.2　业务服务应用

为做好 2011 年干旱灾害灾中的监测评估,做好各方面的服务工作,多次组织材料就贵州干旱灾情发生演变与相关省市进行了会商和技术交流。与贵州省防汛抗旱指挥部、省农办、省民政厅、省统计局、农业厅等部门就本次干旱灾害进行了会商,为各部门指导下一步的抗旱服

---

① 1 亩＝1/15 hm²,下同。

务工作提供了重要的科学参考。另外,根据气象干旱监测情况,对干旱期间的预警信号提供了变更、确认等信息。于 2011 年 8 月 11 日发布了干旱橙色预警信号、8 月 20 日发布干旱红色预警信号,于 8 月 19 日分别启动干旱一级应急服务响应;2011 年 10 月 13 日,解除干旱红色预警信号,10 月 24 日,解除三级应急服务响应。

据灾后总结,为省气象局及各部门制作专题服务材料"气象旱涝专题服务材料"84 期,"干旱监测和影响评价"36 期,"干旱监测分析"2 期,"极端天气气候事件监测评估"4 期,根据省气象局及上级领导的工作安排,组派调查组赴各地进行干旱调查,组织编写了多份其他服务材料(表 1.14)。此外,灾害结束后,对本次灾害以及本次灾害监测服务中遇到的问题进行及时总结,撰写总结报告。期间整理"关于干旱灾害对我省工业经济影响的报告"提供给省政府办公厅,同时为省气象局提供贵州省气象干旱特征分析,按时提供国家气候中心气象灾害监测与影响评估会商、省局候会商、周会商、调度会、多部门会商、省台决策服务材料、省级各部门中需求的干旱素材。就 2011 年夏旱情况及成因和影响接受中央电视台新闻频道、新华社、贵州卫视、贵州都市报等多家媒体的采访。

表 1.14　2011 年干旱业务服务产品

产品类型	气象旱涝专题服务材料	干旱灾害对我省工业经济影响的报告(报省政府办公厅)	干旱监测分析	干旱监测和影响评价	新闻采访	极端天气气候事件监测评估
数目	83 期	1 期	2 期	36 期	4 期	4 期

1.3.3　2013 年干旱业务服务应用

1.3.3.1　干旱实况及影响评估

贵州省 2013 年夏旱呈气温高、降水少、发生早、发展快、危害重等特点。6 月中旬至下旬前期,贵州省出现少雨时段,"洗手干"露头,但 25—27 日的大范围强降水过程使得干旱得到解除或缓解。进入 7 月以来(图 1.32),全省 47 个县(市、区)703 站(次)出现 35 ℃以上的高温天气,以赤水市的 40.9 ℃最高,35 ℃以上高温天气区域主要分布在东北部、东南部和北部。江口、德江、思南、务川、正安、沿河、余庆、印江 8 县连续高温(日最高气温≥35 ℃)日数达到极端事件;39 县市区出现极端高温气候事件,其中金沙、剑河、印江、江口、息烽、黄平、施秉、万山、修文、镇远 10 县达到历史极值。

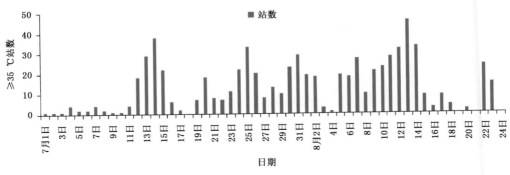

图 1.32　贵州省 2013 年 7 月以来 35 ℃以上逐日高温站数

降水方面,7月1日至8月13日,全省除7月4—5日出现区域性暴雨天气过程以及8月1—2日六盘水市、毕节市、遵义市北部和西部出现过程性降水外,全省无大范围降水,干旱持续发展,特别是7月上旬起因晴热少雨、气温高,干旱发展加剧,范围扩大、程度加重,重旱以上区域呈自北向南、自东向西的方向发展,8月13日重旱以上区域主要分布在东部、遵义南部、毕节东部、安顺市、贵阳中西部、黔西南东部以及黔南局地;重旱以上站数从7月1日的1站发展到8月13日68站(图1.33和图1.34),影响范围不断扩大。8月14日、23日先后受台风"尤特"及"潭美"影响,全省干旱范围大幅缩小,气象干旱得到解除或缓解。

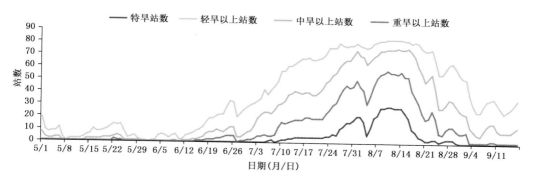

图 1.33　2013 年 5—9 月干旱监测情况

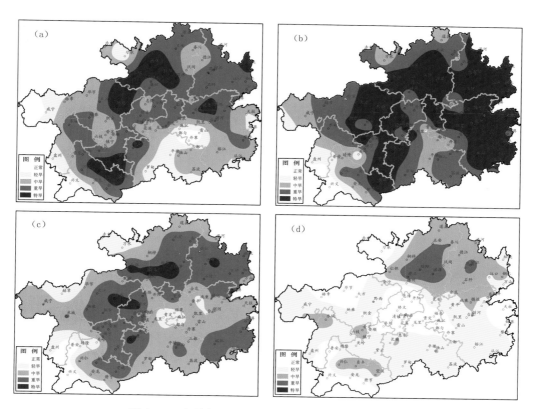

图 1.34　贵州省 2013 年 8 月不同日期干旱监测分布
(a. 8 月 1 日;b. 8 月 13 日;c. 8 月 19 日;d. 8 月 25 日)

自 6 月下旬以来,夏旱发展迅速,重旱以上县(市、区)由 7 月 1 日的 1 个发展到 8 月 13 日的 68 个(最重)。夏旱从 7 月 1 日至 8 月 24 日,共计 55 d,造成直接经济损失 96.43 亿元,历史排位第二,仅次于 2011 年夏旱,对社会经济各方面特别是农业、人畜饮水、电力供应等方面造成了严重影响。

据调查,2013 年 7 月以来,除贵州西部边缘、西南部和南部局地旱情较轻外,中部以北以东大部旱情严重,玉米 4 成以上受旱,局地达 7 成以上;中部以北以东及西南部局地 2 成以上水稻受旱,局地达 4 成以上。据电力部门统计,2013 年 7 月乌江流域(沙沱以上电站)降水量仅为 39 mm,较常年(186 mm)偏少了 79%,是 1971 年以来降水最少的一年;北盘江流域 7 月降水量为 77 mm,比常年(254 mm)偏少 70%,是 1971 年以来降水第三少的年份,仅高于 1972 年和 2011 年 7 月。电网公司分析显示,7 月来水可发电量仅有约 20 亿 kW·h,比预期来水可发电量减少 50 亿 kW·h 以上,导致 7 月下旬以来"西电东输"日电量减少 50%～60%,2013 年 8 月初电力部门开始紧急调增火电供应比例,以保证"西电东送"和贵州省电力需求。贵州属喀斯特脆弱生态环境区,长时间的高温干旱,加深了生态退化深度发展,降低了生态系统的生产力。干旱导致河道流量及湖泊或水库库容的减少和地下水位下降,据水利部门统计,2013 年 8 月全省 50 万余处蓄水工程蓄水量 206.35 亿 m³,比多年同期偏少 2 成,有 140 座小型水库干涸,导致人畜饮水困难。据省民政厅初步统计,截至 8 月 2 日,贵州 80 个县(市、区)1203 个乡(镇)不同程度受灾,受灾人口 1385.18 万人,临时饮水困难人口 224.7 万人;农作物受灾面积 101.2 万 hm²,其中,成灾 58.66 万 hm²,绝收 18.4 万 hm²,造成直接经济损失 66.29 亿元。另外,还造成 92.07 万头大牲畜临时饮水困难。

1.3.3.2　业务服务应用

干旱发生期间,考虑到受低层切变影响,贵州省北部边缘和西北部部分地区将会出现降水,于是在 7 月 30 日至 8 月 4 日,省气象局统一部署,针对铜梓、金沙、紫云、贞丰、晴隆等重旱区域专门调配 16 辆火箭作业车辆,组织增雨作业(图 1.35)。该期间共实施飞机人工增雨作业 4 架次;9 个市州 313 个炮站地面增雨作业 374 次,发射人工增雨炮弹 6922 发、火箭 433 枚。人工增雨作业后,8 月 1～3 日的降水天气过程对遵义市北部、毕节市中部、六盘水市、黔西南州以及中部局地的旱情有所缓解。据 8 月 4 日监测,全省 80 个县(市、区)有不同程度的气象干旱,特旱 12 个县(金沙、湄潭、思南、岑巩、镇远、修文、黄平、三穗、剑河、黎平、望谟、惠水)、重旱 24 个县(市、区)、中旱 30 个县(市、区)、轻旱 14 个县(市、区)。与 7 月 31 日对比,重旱以上县(市、区)由 44 县(市、区)减少至 36 县(市、区),特旱减少了 2 个县,重旱减少 6 个县(市、区)。本次降雨过程对农业生产十分有利,西南和西北部地区雨量在 25.0 mm 以上,有效提升了作物耕作层的土壤墒情,对秋粮作物生长十分有利。总体来说,本次降雨过程大部地区旱情得到一定程度的缓解。

为做好 2013 年干旱灾害灾中的监测评估,按时参加国家气候中心气象灾害监测与影响评估会商、省气象局候会商、周会商、调度会、多部门会商,向省气象台决策服务科、贵州省防汛抗旱指挥部、省农办、省民政厅、省统计局、农业厅等部门提供抗旱服务工作材料。接受中央电视台新闻频道、新华社、贵州卫视、贵州都市报等多家媒体的采访,贵州省气候中心就 2013 年夏旱情况及成因和影响做了相关的介绍。

据灾后总结,为省气象局及各部门制作专题服务材料"气象旱涝监测和影响评价"36 期,"气象旱涝专题服务材料"55 期,"重要信息专报"1 期,"气象干旱专题服务"23 期,根据省气

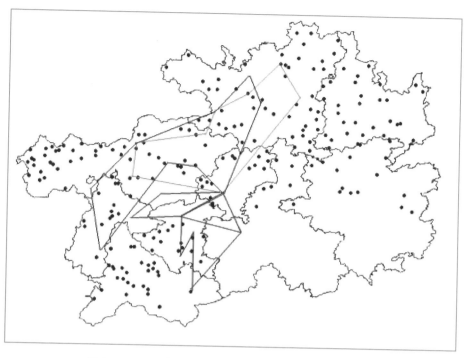

图 1.35　2013 年 7 月 30 日至 8 月 4 日地空作业分布图

局及上级领导的工作安排,组派调查组赴各地进行干旱调查,组织编写了多份其他服务材料(表 1.15)。此外,灾害结束后,对本次灾害以及本次灾害监测服务中遇到的问题进行及时总结,撰写总结报告。气象信息报告第 8 期获时任省委赵克志书记"关于今年的气象,特别是容易出现的春旱、秋旱的问题,要早点研究,细致准备,及早应对",时任陈敏尔省长"继续予以关注和深入预测,为省委省政府决策提供科学依据",时任刘远坤副省长"请气象局把气候趋势预测分送农委、林业、水利等涉农部门,各部门按赵书记批示做好灾害预案,以防遇灾时把损失降至最小"的批示。

表 1.15　2013 年干旱业务服务产品

产品类型	气象旱涝监测和影响评价	气象旱涝专题服务材料	气象干旱专题服务	旱情调查与抗旱工作检查报告	重要信息专报	新闻采访
数目	36 期	55 期	23 期	6 期	1 期	1 期

1.4　贵州干旱对经济社会的影响

1.4.1　干旱对国民经济发展的影响

为全面了解干旱对国民经济的影响,分别从定性和定量两个方面进行分析。用农作物旱灾受灾面积和成灾面积作为干旱的替代变量,用干旱造成的粮食损失、粮食产量、农业总产值、农业增加值、第二产业增加值、第三产业增加值、地区生产总值、农民人均纯收入和财政收入来代表国民经济发展水平,分别建立干旱与国民经济指标之间的相关关系方程和不同类型不同程度干旱对农业生产影响的扩展科布—道格拉斯生产函数模型,对 20 多年的资料进行模拟,得出了干旱对国民发展影响的如下定性关系。

一是,干旱与国民经济指标之间存在着一定程度的负相关关系,干旱对国民经济发展起到制约作用,且对粮食减产影响最明显。农作物旱灾受灾面积和成灾面积与粮食损失量之间的相关系数分别为 0.96 和 0.92;与粮食产量之间的相关系数分别为 -0.45 和 -0.53;与农业总产值、第一产业增加值、第二产业增加值、第三产业增加值、地区生产总值、农业人均纯收入和财政收入之间的相关关系虽不很显著,但相关系数也达到 -0.25~-0.34。二是,夏旱对贵州省农业生产的影响比春旱更为显著。三是,不同程度的干旱对农业生产都有负面影响,但中小旱的影响不太显著,而大旱和特大干旱的影响则比较明显。

一般来说,各产业的产出都与干旱有关,干旱通过影响产出水平而影响农民人均收入水平、全省人均 GDP 水平以及财政收入水平。因此,通过把干旱纳入各产业的生产函数,就可以把干旱与国民经济发展的一些重要指标联系起来,从而估算出干旱对国民经济发展的总影响。为此建立了干旱影响评估数学模型,通过计算,得到了干旱对国民经济影响的如下定量关系。

第一,轻度干旱使贵州粮食生产减产量相当于全省粮食产量的 0.48%,分别占全省第一、二、三产业增加值的 0.15%、0.12% 和 0.05%,使地区生产总值减少 0.17%,相当于财政收入总额的 0.03%。第二,特大干旱使贵州粮食生产减产量相当于全省粮食产量的 12.45%,分别占全省第一、二、三产业增加值的 2.77%、5.92% 和 5.23%,使地区生产总值减少 4.7%,相当于财政收入总额的 5.26%。第三,如果干旱减轻 10%,粮食损失将减少 13.14%,第一、二、三产业增加值将分别增加 0.19%、0.74%、0.64%,地区生产总值和人均 GDP 将增加 0.53%,农民人均纯收入、财政收入分别增加 0.2%、0.63%。第四,如果旱情减轻 30%,粮食损失将减少 37.87%,第一、二、三产业增加值将分别增加 0.58%、2.25%、1.93%,地区生产总值和人均 GDP 将增加 1.61%,农民人均纯收入、财政收入分别增加 0.61%、1.89%(王玉萍等,2006)。

1.4.2　干旱对农业的影响

贵州省农业种植业以水稻、小麦、油菜、蔬菜、烤烟和玉米为主,在对多年旱灾损失和典型年代旱灾损失分析的基础上,综合作物生长规律、人畜饮水率等多项指标,得到单位面积上不同干旱、不同等级旱情对农作物的影响。从表 1.16~表 1.18 可以看出:春旱对小麦、油菜等越冬作物影响较大,对玉米出苗率有一定的影响,对人畜饮水影响最大;夏旱对农业影响最大,对人畜饮水影响不大;秋冬旱对农作物及人畜饮水的影响和春旱差不多,只是相对损失较小。

表 1.16　春旱对农业造成的损失

干旱等级	小麦减产(kg/km²)	油菜减产(kg/km²)	蔬菜减产(kg/km²)	玉米减产(kg/km²)	饮水困难(人/km²)
轻度干旱	300	200	200	300	15
中度干旱	600	400	500	1300	30
严重干旱	1300	900	1000	2000	65
特大干旱	2000	1300	1500	4500	80

农作物减产随旱情加重呈递增趋势,对特大干旱表现得尤为敏感,遭受特大干旱时损失是严重干旱的近两倍;饮水困难人数也随着旱情加重呈递增状态,但对严重干旱敏感度强,严重

干旱对饮水困难人数几乎是中度干旱的两倍,而特大干旱相对严重干旱时增加不很明显(王玉萍等,2006)。

表 1.17 夏旱对农业造成的损失

干旱等级	小麦减产(kg/km²)	油菜减产(kg/km²)	蔬菜减产(kg/km²)	玉米减产(kg/km²)	饮水困难(人/km²)
轻度干旱	350	300	200	20	8
中度干旱	2000	1000	500	120	15
严重干旱	7000	3500	1000	400	50
特大干旱	15000	7500	1500	750	80

表 1.18 秋冬旱对农业造成的损失

干旱等级	小麦减产(kg/km²)	油菜减产(kg/km²)	蔬菜减产(kg/km²)	饮水困难(人/km²)
轻度干旱	50	40	90	16.5
中度干旱	500	200	300	33
严重干旱	1000	650	900	66
特大干旱	1700	1100	2000	82.5

1.4.3 干旱对生态的影响

贵州省大的河流由于河谷深切,地下水初给源多,基本未发生过断流。但在河源地带及小流域尤其是植被差的小流域,遇干旱常发生河道内水量减小或断流,对生态环境产生不利影响。

贵州省天然湖泊仅有威宁草海,"文革"期间围湖排水造田使湖水面、水位减小,因此遇干旱受影响较大;大中型水库死库容量大,因此遇干旱一般不会干枯;小型水库死库容量小,干旱时往往还要抽取死库容水量用于灌溉,因此易受干旱影响。

贵州省总体降雨丰沛,一般不会发生干旱引起天然植物枯死的情形,但对于石漠化严重的地区,因土层薄或无土层,地下保水能力极差,植物靠在岩缝中水分生存,干旱极易引起植物枯死。

干旱同样对城市生态产生不利影响,如过度开采地下水已经造成六盘水等城市多处地面塌陷(王玉萍等,2006)。

1.5 应对干旱的对策建议

随着干旱发生造成的严重灾害,防御旱灾也越来越受到各界重视。防御旱灾是一项全社会的工作,加快水利、生态建设,落实好抗旱工程和非工程建设,提高人们节约用水,保护水资源意识,提高用水效率,才能将灾害损失降到最低,促进经济社会可持续发展。针对存在的问题,提出具体的对策建议为:

对旱灾认识不足,抗旱意识有待增强。大部分地区不同程度地存在重汛轻旱的思想,尤其是对抗大旱、抗长旱准备不足。今后必须提高对旱灾的认识,对可能发生的持续性旱灾保持高度警惕,从思想上和组织上争取抗旱工作的主动权。

　　抗旱基础设施落后,工程型缺水问题依然突出,工程抗旱能力亟待提高。受喀斯特岩溶山区地形地貌等因素限制,全省平均约 3 个县(市)才拥有 1 座中型水库,供水保障率低,远远满足不了抵御大旱的需要。另外,目前仍有 800 余座小型水库没有得到治理,难以正常发挥抗旱效益。此外,抗旱应急备用水源匮缺,城镇居民的生活用水缺乏供水工程保障,农村饮水安全形势依然严峻。为此,今后要切实加大小型病险水库除险加固力度,同时持续推进农村饮水安全工程建设,从工程体系层面提高全省抗旱能力。

　　抗旱投入不足,应切实加大抗旱资金投入力度。由于长期缺乏稳定、灵活的抗旱资金投入保障机制,许多抗旱设施严重老化失修,抵御干旱灾害的标准低、能力差。近年各级政府对农业基础设施建设给予了一定投入,但由于贵州省经济基础比较差,地区配套资金到位困难,抗旱经费来源渠道少,严重制约了抗旱减灾能力的持续提高。为保证抗旱减灾投入与经济社会发展相适应,地方各级政府部门应增加抗旱资金财政预算,特别是旱灾易发区的应急资金投入。针对旱情监测预警硬件、软件设施严重匮乏问题,努力争取另列专项资金,以加快实现旱情、旱灾信息传递更快、更准的目标。最后,还应增加引进人才和对现有人才培养的投入。

　　抗旱工作制度不健全,应急响应和处置能力亟待提高。一些地方旱情旱灾信息报送机制不完善,情况掌握和上报不及时、信息不准确,程序不规范、时效性差的问题仍然比较突出。抗旱单项预案编制差距大,同时,有的地方对应急预案启动边界条件研究不够,达到启动条件而未启动相关响应,防灾减灾仍存在随意性,以抗旱预案为重点、抗旱法规为核心的工作体制、机制亟待完善。今后要加强抗旱管理能力建设,继续抓好抗旱单项预案的编修,形成以各级预警及其响应为核心的抗旱应急管理体系,增强抗旱手段,进一步完善各项规章制度,为抗旱工作提供制度保障。

　　抗旱技术水平与现代化防灾减灾要求不相适应,新技术推广乏力。贵州省抗旱科技创新的总体水平仍然偏低,新技术、新设备、新材料的研究开发与推广应用滞后,远远满足不了抗旱工作需要。此外,干旱保险仅停留在研究层面,还没有形成操作性强的制度,今后要在抗旱减灾的各个环节运用科学技术,加大旱灾科研扶持力度,重视旱情监测预警预报、旱灾风险分析方法、防灾减灾保障体系、人工增雨建设等方面的理论基础研究。

　　加强气候预测。加强对气候的预测并及时发布有关气候预报,特别是可能出现的极端气候预报,以便于人们提前做好准备,抵抗气候灾害,尽可能地减少经济损失。

　　总之,工程措施是实现贵州省抗旱减灾的基本手段,但由于受社会、经济、生态、环境和技术等条件限制,仅靠工程难以实现资源的合理配置和最优的减灾及保障经济社会可持续发展的效果。今后,在进一步完善抗旱工程体系的同时,应不断加强目前还相对薄弱的抗旱减灾法规、管理、体制、土地管理、风险分担、公众参与、高新技术应用等非工程措施的建设,并与工程措施整合,形成一个优势互补的综合抗旱减灾体系,以全面提高抗旱减灾工作水平(商崇菊等,2010)。

2

贵州省干旱灾害风险评估研究

2.1 技术方案研究

2.1.1 技术路线

确定好评估区域及基本单元后,就可以按照研究空间尺度的要求进行资料收集,考虑到资料收集的可能程度,本书以县级行政区划作为基本评估单元。收集的资料主要包括评估区域背景分析的基本信息、干旱致灾因子的特征信息、承灾体及抗旱减灾能力信息等(图 2.1)。

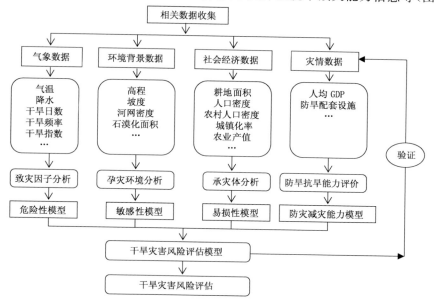

图 2.1 干旱灾害风险评估研究技术路线

2.1.2　研究区域概况

贵州位于我国西南部,云贵高原东部,隆起于四川盆地、广西盆地和湘西丘陵,北纬 $24°37'\sim$ $29°13'$,东经 $103°36'\sim109°35'$,面积约 17.6 万 km^2。东与湖南省接壤,南与广西壮族自治区毗邻,西与云南省交界,北与四川省、重庆市相连。

贵州地势西高东低,自中部向北、东、南三面倾斜,属中国地势第二阶梯东部边缘的一部分,大娄山、武陵山、乌蒙山、苗岭山构成了贵州地形的基本骨架。西部海拔 $1500\sim2900$ m,中部海拔 1000 m 左右,北、东、南三面边缘河谷地带海拔在 500 m 以下,全省最高点是赫章县南部珠市乡韭菜坪,海拔 2901 m,最低点在黎平县东部地坪乡水口河出省界处,海拔仅 137 m (图 2.2)。贵州是典型的山地省,高原和山地面积约占全省面积的 89%,丘陵及河谷盆地约占 11%,现辖贵阳、六盘水、遵义、毕节、铜仁、安顺 6 个地级市,黔西南、黔东南、黔南 3 个自治州,88 个县(市、区)(图 2.3)。

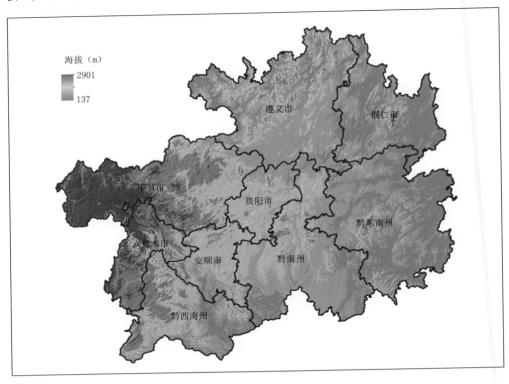

图 2.2　贵州省地形图

贵州省位于副热带东亚大陆的季风区内,气候类型属亚热带高原季风湿润气候,根据热量指标和水分指标,划分为南亚热带、中亚热带、北亚热带及暖温带 4 个气候带,全省大部年平均气温在 $14.0\sim18.0$ ℃,全省年平均气温为 15.6 ℃(图 2.4);年平均降水量在 $1100\sim1400$ mm,全省平均降水量为 1179.6 mm(图 2.5);年平均日照时数在 $1000\sim1600$ 小时,全省平均日照时数为 1182 小时(图 2.6),具有冬无严寒,夏无酷暑,四季分明,雨水充沛,光、热、水基本同期,多阴雨、少日照,气候的地域和垂直性差异均显著等气候特点。

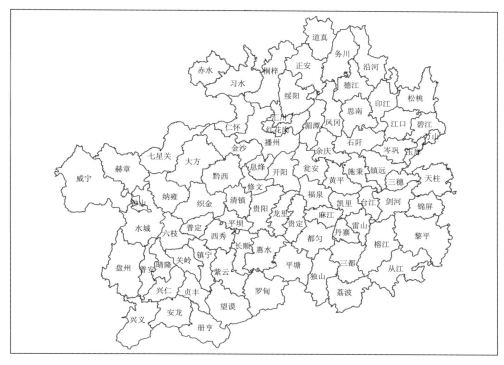

图 2.3　贵州省行政区划图

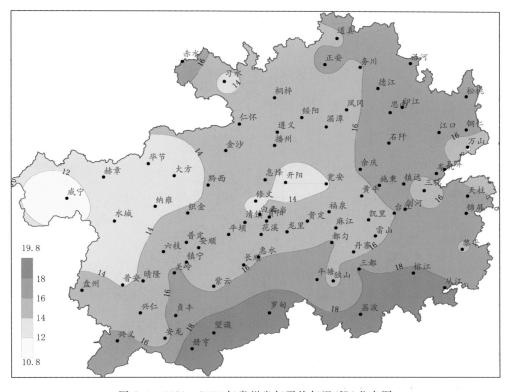

图 2.4　1981—2010 年贵州省年平均气温(℃)分布图

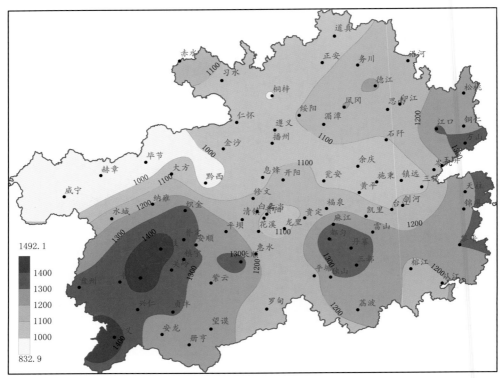

图 2.5　1981—2010 年贵州省年降水量(mm)分布图

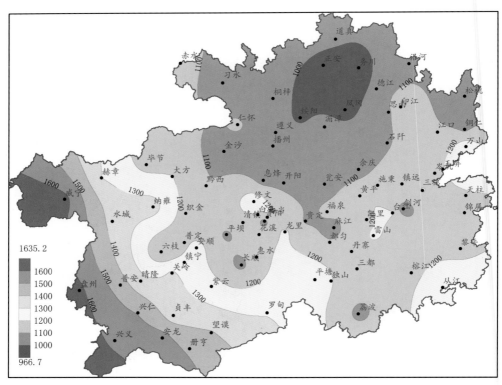

图 2.6　1981—2010 年贵州省年日照时数(h)分布图

主要气象灾害有暴雨洪涝、干旱、冰雹、低温冷害、雷电等,以及因灾诱发的山洪地质灾害、作物病虫害、森林火灾等次生灾害频繁发生,且近年来呈加剧趋势。气象灾害占总自然灾害的80%以上,每年灾害给工农业生产、交通运输及人民生命财产造成较大损失。特别是贵州干旱四季均可发生,主要为春旱、夏旱,主要影响农业、水利、电力、林业、工业、生态及城镇饮水等方面。

2.1.3　主要研究内容

(1)资料数据化

以贵州省的 84 个气象台站所在的行政区域作为研究的基本单元,将干旱气象要素(气温、降水、干旱指数)、环境背景(高程、河网密度、石漠化面积)、社会经济指标(人均 GDP)等指标进行数据库化,建立灾害风险评估的指标体系及完成数据库管理。

(2)基于 GIS 的模型推算

利用 GIS 空间分析模块,以贵州省数字化高程为基础,采用以点带面的方式建立推算模型,参考多种灾害风险评价理论及方法的基础上,采用专家评分、层次分析法等对评价指标进行权重的确定,再在各种灾害活动规律的基础上通过危险性评价,确定各个行政单元内灾害成灾的危险性大小,完成相关模型的区划制图工作。

(3)干旱风险评估模型

为使不同量纲的指标可以进行综合运算,先对评判指标进行标准化,最终对干旱灾害风险评估进行危险性分级,建立干旱风险评估模型。

2.1.4　资料情况及指标体系

2.1.4.1　资料情况

贵州省共有 84 个气象站,基本遍布每个县(市、区)(图 2.7)。气象数据来源于贵州省气象局,干旱评估分析主要是基于单站的降水和气温等计算出来的逐日综合气象干旱指数资料。基础地理信息资料包括贵州省的 DEM 和水系等数据。社会经济资料主要来源于贵州省统计年鉴,选用 2010 年以县(市、区)为单元的行政区生产总值、行政区面积、年末总人口、年末常住人口、农业人口、人口密度、农村人口密度、人均 GDP、耕地面积、农林牧渔业产值等数据。

2.1.4.2　指标体系

危险性模型,包含干旱过程强度频率;敏感性模型,包含≤25°坡地面积的比例、平均海拔、轻度以下石漠化等级面积比例、水系影响指数等;易损性模型,包含耕地比例、农村人口比例、城镇化率、农林牧渔业产值比例;防灾减灾能力模型,包含人均 GDP、水库密度及库容。

2.1.5　技术方法

2.1.5.1　综合气象干旱指数

虽然综合气象干旱指数 CI 计算较为复杂,但它既能反映短时间尺度(月)和长时间尺度(季)降水量变化的气候异常情况,又能反映短时间尺度(影响农作物生长)的水分亏缺情况,因此,该指标适合实时气象干旱监测和历史同期气象干旱评估,因此,根据中国气象局 2006 年制定发布的国家标准《气象干旱等级》(GB/T 20481—2006)中给出的综合气象干旱指数(CI)的

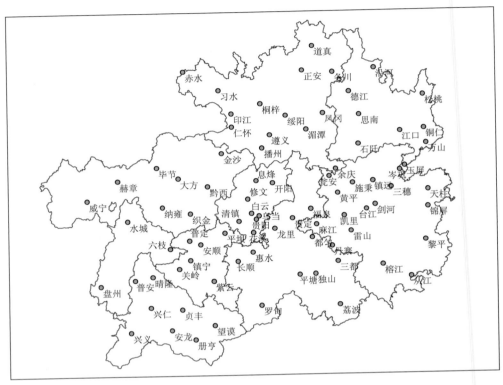

图 2.7　贵州省 84 个气象站点分布图

计算方法及干旱等级标准进行计算。计算公式如下：计算见式(1.3)

当综合气象干旱指数 CI 连续 10 d 为轻旱以上等级，则确定为发生一次干旱过程。干旱过程的开始日为第 1 d CI 指数达轻旱以上等级的日期。在干旱发生期，当综合气象干旱指数 CI 连续 10 d 为无旱等级时干旱解除，同时干旱过程结束，结束日期为最后 1 次 CI 指数达无旱等级的日期。干旱过程开始到结束期间的时间为干旱持续时间。干旱过程内所有天的 CI 指数为轻旱以上的干旱等级之和，其值越小，干旱过程越强。

2.1.5.2　信息扩散理论

用信息扩散理论计算干旱的风险概率。设某研究指标论域为：$U = \{u_1, u_2, \cdots, u_n\}$，按照此式，1 个单值观测样本 y_j 可以将其所携带的信息扩散给 U 中的所有点，见公式(2.1)。

$$F_i(u_i) = \frac{1}{h\sqrt{2\pi}}\exp\left(-\frac{(y_j - u_i)^2}{2h^2}\right) \tag{2.1}$$

式中，h 为扩散系数，可根据样本集合中样本的最大值 b、最小值 a 和样本个数 m 来确定，具体见公式(2.2)。

$$h = \begin{cases} 0.8146 \times (b-a), m = 5 \\ 0.5690 \times (b-a), m = 6 \\ 0.4560 \times (b-a), m = 7 \\ 0.3860 \times (b-a), m = 8 \\ 0.3362 \times (b-a), m = 9 \\ 0.2986 \times (b-a), m = 10 \\ 2.6851 \times (b-a)/(m-1), m \geqslant 11 \end{cases} \tag{2.2}$$

令

$$\zeta_{yj}(u_i) = F_j(u_i)/C_j = F_j(u_i)/\sum_{i=1}^{n} F_j(u_i) \tag{2.3}$$

把 $\zeta_{yj}(u_i)$ 称为样本 y_j 的归一化信息分布,就将单值样本 y 变成了 1 个以 $\zeta_{yj}(u_i)$ 为隶属函数的模糊子集 $y*$。对 $\zeta_{yj}(u_i)$ 进行处理,可以得到一种效果好的风险评估结果。

令

$$q(u_i) = \sum_{j=1}^{m} \zeta_{yj}(u_i) \tag{2.4}$$

其物理意义是:由 $\{y_1, y_2, \cdots, y_m\}$,经信息扩散推断出,如果自然现象观测值只能取 $u_1, u_2, \cdots, u_n$ 中的 1 个,那么,在将 y_j 均看作是样本代表时,观测值为 u_i 的样本个数为 $q(u_i)$ 个。显然, $q(u_i)$ 通常不是 1 个正整数,但一定是 1 个不小于 0 的数。

令

$$P(u_i) = q(u_i)/Q = q(u_i)/\sum_{i=1}^{n} q(u_i) \tag{2.5}$$

事实上, Q 就是各 u_i 点上样本数的总和, $P(u_i)$ 就是样本落在 u_i 处的频率值,可以为概率的估计值。

对于自然现象统计指数 $X = \{x_1, x_2, \cdots, x_n\}$,通常将 X 取为统计数论域, x_i 取为论域 U 中的某一个元素 u_i,显然,超越 u_i 的概率值应为公式(2.6)。 $P(u \geqslant u_i)$ 就是所要求的风险估计值,对应气象灾害的重现期即为 $1/P(u \geqslant u_i)$。

$$P(u \geqslant u_i) = \sum_{k=1}^{n} p(u_k) \tag{2.6}$$

2.1.5.3　确定权重的方法

确定权重的方法可以分为两大类:一类是为提取评价者和决策者经验知识中分类排序信息的主观赋权方法;另一类是为提取评价指标样本数据集中分类排序的客观信息的客观赋权方法。主观赋权法主要有主观判断法、专家咨询法、层次分析法等。客观赋权法相对较多,如嫡权法、离差最大法、模糊聚类分析法、主成分分析法等都可以用来为指标赋权。本干旱灾害风险评估模型的建立主要选用主成分分析法、专家咨询法等来确定权重。

2.1.5.4　空间插值法

反距离加权法是最常用的空间内插方法之一。它认为与未采样点距离最近的若干个点对未采样点值的贡献最大,其贡献与距离成反比。可用下式表示:

$$Z = \frac{\sum\limits_{i=1}^{n} \frac{1}{(D_i)^p} Z_i}{\sum\limits_{i=1}^{n} \frac{1}{(D_i)^p}} \tag{2.7}$$

式中，Z 为估计值，Z_i 为第 $i(i=1,\cdots,n)$ 个样本，D_i 为距离，p 为距离的幂，它显著影响内插的结果，它的选择标准是最小平均绝对误差。Husar 等的研究结果表明，幂越高，内插结果越具有平滑的效果。方法的计算可用 ArcGIS 软件自带的功能实现。

2.1.5.5　标准化

当对具有多属性指标的对象进行评价时，为了消除不同指标间量纲的差异，往往需要对评价对象的指标值做标准化处理。将不同量纲的指标，通过适当的变换，化为无量纲的标准化指标，称为指标的标准化。计算采用以下公式：

$$D_{ij} = \frac{A_{ij} - \min_i}{\max_i - \min_i} \tag{2.8}$$

式中，D_{ij} 为 j 第 i 个指标的规范化值，A_{ij} 为 j 第 i 个指标值，$\min_i$ 和 $\max_i$ 分别为第 i 个指标值中的最小值和最大值。

2.1.5.6　加权综合评价法

加权综合评价法综合考虑各个具体指标对评价因子的影响程度，是把各个具体指标的作用大小综合起来，用一个数量化指标加以集中，计算公式为：

$$V = \sum_{i=1}^{n} W_i \cdot D_i \tag{2.9}$$

式中，V 为评价因子的值，W_i 为指标 i 的权重，D_i 为指标 i 的规范化值；n 为评价指标个数。

2.1.5.7　自然断点分级法

自然断点分级法是按照数据统计性质，将分组的数据达到组内间距最小、组间间距最大，达到自然聚类的目的。其公式为：

$$SSD_{i-j} = \sum_{k=i}^{j} (A[k] - mean_{i-j})^2 \quad (1 \leqslant i < j \leqslant N) \tag{2.10}$$

也可表示为：$SSD_{i-j} = \sum_{k=i}^{j} A[k]^2 - \frac{(\sum\limits_{k=i}^{j} A[k])^2}{j-i+1} \quad (1 \leqslant i < j \leqslant N) \tag{2.11}$

式（2.10）和式（2.11）中，A 为一个数组（数组长度为 N），$mean_{i-j}$ 每个等级中的平均值。

该方法可用 GIS 软件自带的功能实现。

2.1.5.8　干旱风险评估方法

2.1.5.8.1　干旱致灾因子分析

目前国内外研究气象干旱的指数较多，其中综合气象干旱指数既能反映短时间尺度和长时间尺度降水量气候异常情况，又能反映短时间尺度水分亏欠情况。

按照国家标准《气象干旱等级》（GB/T 20481—2006）CI 的计算公式，将本省 84 个气象台站的 CI 指数干旱过程强度作为一个序列，运用加权综合评价法计算不同等级干旱强度与权重的乘积之和。

$$LD = aD_1 + bD_2 + cD_3 + dD_4 \tag{2.12}$$

式中，D_1、D_2、D_3、D_4 分别为特重、重、中、轻干旱过程强度，a、b、c、d 分别为各因子的权重。

2.1.5.8.2　干旱孕灾环境分析

贵州省地表起伏，沟谷发育，如果用单一的地理因子不足以反映其特殊性，根据特有的喀斯特地貌形态，从坡度、海拔、石漠化程度、水系等方面对干旱孕灾因子进行综合分析。

$$GD = ws \times S_{25} + wh \times H_0 + wd \times D_m + ww \times W_e \tag{2.13}$$

式中，S_{25} 为≤25°坡地面积的比例，H_0 为平均海拔，D_m 为石漠化程度，W_e 为水系影响指数，wh、ws、wd、ww 分别为各指标的权重。

（1）≤25°坡地面积的比例

基于1：5万数字高程对贵州省进行坡度分类，叠加县域面层对≤25°的坡地的面积进行统计计算，然后根据以下公式计算各县≤25°坡地面积的比例：

$$S_{25} = \frac{A_{25}}{A} \times 100\% \tag{2.14}$$

式中，A_{25} 为该县≤25°坡地的面积，A 为该县总面积。

（2）平均海拔

平均海拔能够很好地反映地势起伏的变化，首先在数字高程中，利用 GIS 将全省高程分为<500 m，500～1000 m，1000～1500 m，1500～2000 m，2000～2500 m，>2500 m 六个海拔带，并使其等级化，然后用县域面层进行叠加切割，再进行栅格图层矢量化，计算每个县包含的每一海拔带的面积。平均海拔的计算公式为：

$$H_0 = \sum_i^n \frac{a_i}{A} h_i \tag{2.15}$$

式中，n 为海拔分带数，a_i 为 i 带的面积，A 为该县总面积，h_i 为第 i 带海拔的中值。

（3）石漠化程度

按照"喀斯特石漠化的遥感—GIS 典型研究"的研究结果，将每个行政区轻度以下的石漠化占本县市总面积比例作为一个序列，是敏感性模型中一个有贵州特色的指标。

$$D_m = \frac{A_d}{A} \times 100\% \tag{2.16}$$

式中，A_d 为各县轻度以下石漠化面积，A 为该县总面积。

（4）水系影响指数

基于数字高程提取贵州省河网分布图，按照一级河流、二级河流、湖泊水库等分别考虑，根据水体远近的影响，用 GIS 中的缓冲区功能计算实现，分为一级缓冲区和二级缓冲区，将河网密度和缓冲区影响经规范化处理后，各取权重，采用加权综合评价法求得水系影响指数。

$$W_e = aW \times bB \tag{2.17}$$

式中，W 为各县河网密度，B 为各县缓冲区影响，a、b 为权重。

2.1.5.8.3　干旱承灾体分析

干旱灾害的形成，最终要影响到人们的生产和生活，造成的损失大小一般取决于发生地的人口密集程度特别是农村人口密度等。由于每个承灾体在不同地区对干旱灾害的相对重要程度不同，因此，在进行承灾体分析时，要对每个承灾体易损性评价指标进行规范化处理，得到每个承灾体易损性评价指标的权重，根据加权综合法计算综合承灾体易损性指数。

$$AB = wt \times T_s + wv \times P_d + wv \times V_s \tag{2.18}$$

式中，T_s 为耕地比重，P_d 为农村人口比例，V_s 为农林牧渔业产值，wt、wp、wv 分别为权重。

（1）耕地比重

$$T_s = \frac{t_s}{A} \times 100\%$$

(2.19)

式中，T_s 为各县耕地比例，t_s 为各县耕地面积，A 为各县总面积。

（2）农村人口比例

$$P_d = \frac{RAP}{TP} \times 100\%$$

(2.20)

式中，RAP 为各县农村人口，TP 为各县总人口。

（3）农林牧渔业产值

农业、林业、牧业、渔业产值总和。

2.1.5.8.4　防旱抗旱能力评价

用防旱抗旱能力评估每个县（市、区）防灾减灾能力差异。

$$PD = wa \times A_{GDP} + wf \times F_{pd}$$

(2.21)

式中，A_{GDP} 为人均 GDP，F_{pd} 为水库影响范围，wa、wf 分别为权重。

（1）人均国内生产总值（人均 GDP）

$$人均国内生产总值 = 总产出（GDP）/ 总人口$$

（2）水库影响

用水库密度和总库容量来体现。

$$F_{pd} = w_1 \times F_密 + w_2 \times F_库$$

(2.22)

式中，$F_密$ 为水库密度，$F_库$ 为总库容量，w_1、w_2 为两者的权重，各为 0.5。

2.1.5.8.5　干旱灾害风险评估模型

将贵州省的行政区域作为灾害危险性分级的基本单元，最终对干旱灾害风险评估进行危险性分级。

$$DRES = LD^{wld} \times GD^{wgd} \times AB^{wab} \times (1 - PD)^{wpd}$$

(2.23)

式中，LD、GD、AB、PD 分别为致灾因子、孕灾因子、承灾因子、防灾因子，wld、wgd、wab、wpd 分别为各因子的权重。

2.2　研究结果

2.2.1　气候背景分析

2.2.1.1　气温

2.2.1.1.1　平均气温

平均气温呈现增加趋势，20 世纪 90 年代中期是贵州冷暖趋势的转折点，20 世纪 90 年代中期以后气温的升温趋势加剧（图 2.8）。1998—2013 年出现偏冷年 4 年，其中 2 年出现在近 3 年，其余年份均为偏暖年，偏暖年峰值出现在 2013 年，年平均气温距平高达 0.8 ℃。

2.2.1.1.2　高温

年高温日数整体呈增加趋势，递增的速率为 0.35 d/10a。20 世纪 60 年代呈递减趋势，从 70 年代初期至 20 世纪末期整体变化趋于平稳，进入 21 世纪以来呈快速递增的趋势（图 2.9）。

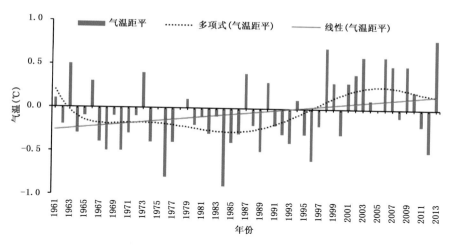

图 2.8 1961—2013 年贵州省平均气温变化趋势

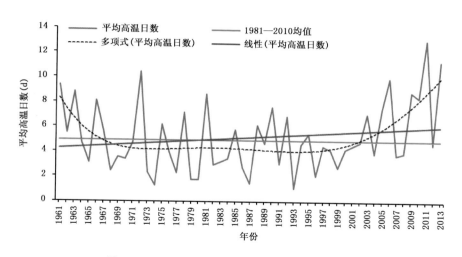

图 2.9 1961—2013 年贵州省高温日数变化趋势

2.2.1.2 降水

2.2.1.2.1 降水量

年降水量呈减少趋势,减少幅度为 23.3 mm/10a,四季降水量除冬季略有增加外,春、夏、秋季均呈减少趋势(图 2.10)。年降水在 1179 mm 上下变化,但年际间的差异较大。2011 年最少,年降水仅有 856 mm;1977 年降水量 1376 mm,为历年的最高值。贵州近 50 年来,降水呈减少趋势,减少幅度约为 23.3 mm/10a。

2.2.1.2.2 暴雨日数

贵州省暴雨日数年际间的变化差异很大,最少年为 1981 年,每站暴雨日数为 1.65 次,其次是 1962 年为 1.91 次,1989 年为 1.98 次;1999 年出现暴雨日数最多,每站暴雨日数为 4.38 次,其次 1996 年为 4.31 次,2008 年为 4.27 次。贵州近 50 年来,年暴雨日数呈增加趋势(图 2.11)。

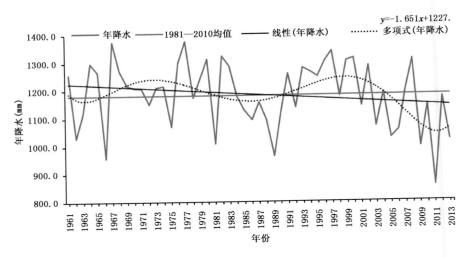

图 2.10　1961—2013 年贵州省年降水量变化趋势

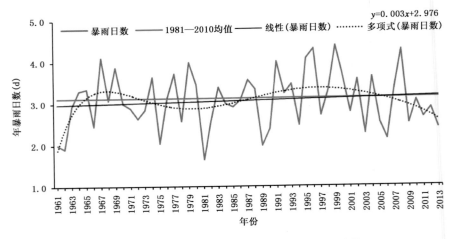

图 2.11　1961—2013 年贵州省年暴雨日数变化趋势

2.2.2　干旱基本要素分析

2.2.2.1　干旱站数变化

2.2.2.1.1　日变化

　　线性趋势整体表现为缓慢的上升趋势,其中 20 世纪 90 年代前呈明显的上升趋势,80 年代末期开始迅速下降,90 年代中期至 2013 年持续上升。其中日均站数 1988 年最多,2011 年次之,均达 35 站以上。日均干旱站数最少为 1982 年,2000 年、1997 年次之,其中 1982 年日均不足 10 个站(图 2.12)。

2.2.2.1.2　月、季变化

　　按照干旱过程的定义,统计出 32 个代表站的干旱过程,再按照不同的月份,计算全省特旱、重旱、中旱、轻旱各等级 1—12 月历年平均站日数,得到不同指标阈值下的干旱季节演变情

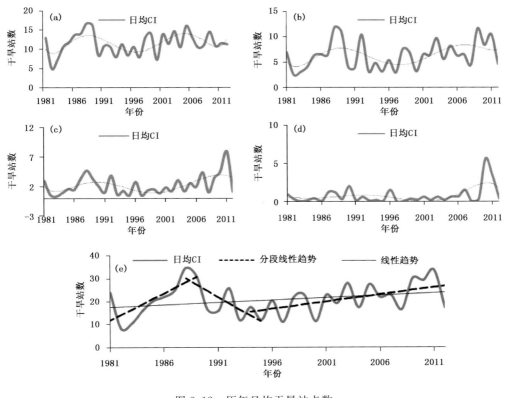

图 2.12　历年日均干旱站点数

（轻旱、中旱、重旱、特旱、轻旱以上）

况（图 2.13）。就总旱日数来说，是秋冬旱日最多、春旱次之，夏旱较少，但就特旱日数来说，夏秋季节的较多，特别是伏旱带来的影响也是最为严重的（图 2.14）。

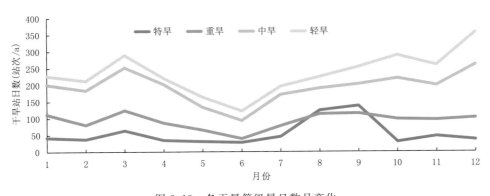

图 2.13　各干旱等级旱日数月变化

2.2.2.1.3　年际变化

通过对 1961—2011 年的干旱过程以及每个干旱过程持续的天数，对每个台站进行历年干旱站数、日数的统计，得到贵州省历年干旱站数、日数演变的情况。干旱日数较多的年份有

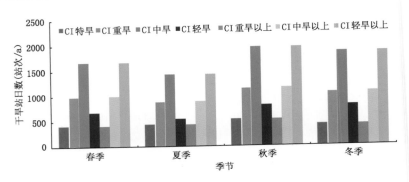

图 2.14　各干旱等级旱日数季节变化

1963 年、1966 年、1969 年、1988 年、1989 年、2003 年、2009 年、2010 年、2011 年和 2013 年等（图 2.15）。

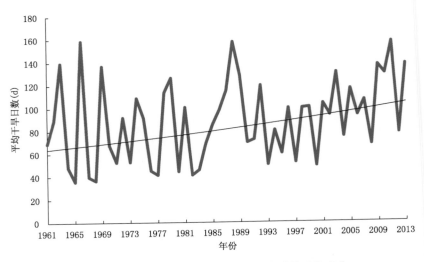

图 2.15　1961—2013 年贵州省年平均干旱日数变化

2.2.2.2　干旱事件频度

2.2.2.2.1　发生干旱的概率

　　根据全省 84 个气象站干旱过程强度，得到贵州省干旱指数风险概率图，全省发生干旱的概率均在 0.9 以上（相当于每年均有干旱发生），其中西部、南部、东南部属于高敏感区（图 2.16）。

2.2.2.2.2　干旱频率

　　（1）干旱过程频率

　　从表 2.1 可见，干旱频率明显较高的是秋冬季节，其中秋季最易发生干旱，全省平均秋旱频率达近 76%；春旱频率相对最低。各季干旱发生频率空间分布为（图 2.17），春旱频率西高东低，最高频率达 84%。夏旱分布与春旱分布相反，西部为低值区，东部北部为夏旱高频区，最高干旱频率达 91%。秋旱频率高于其他各季，西部干旱频率相对较低，北部及南部东南部秋旱频率普遍高，最高达 94%。冬季西北部赫章地区、省南部干旱频率最高，中部及北部习水一带最低。

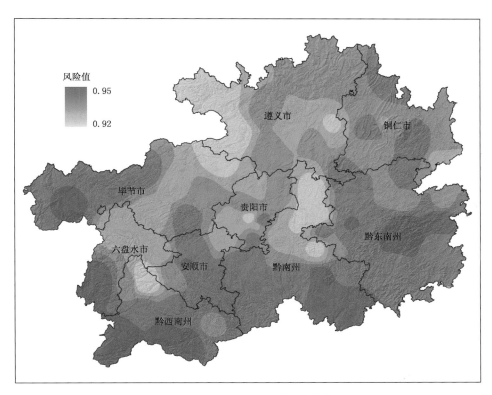

图 2.16　贵州省干旱风险概率分布图

表 2.1　各季节干旱发生频率(%)

干旱类型	冬旱	春旱	夏旱	秋旱
干旱频率	67.4	63.5	69.9	75.7

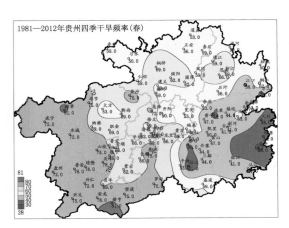

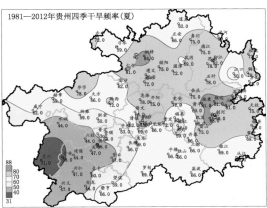

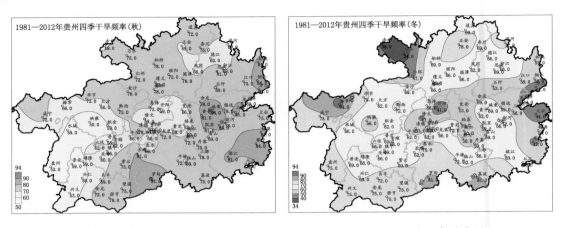

图 2.17　1981—2012 年贵州省春季、夏季、秋季、冬季干旱过程频率(%)分布图

(2)干旱程度频率

整体来看(图 2.18),春季重旱以上发生频率东南部低,西南部最高;夏季西南部最低,北部东部相对较高;秋季南、北频率均较高,尤其是南部边缘;冬季中部较低向四周增大。春夏秋季重旱发生频率最高均在 60% 以上,冬季最高达 72%,重旱频率明显过高(尤其是冬季)。

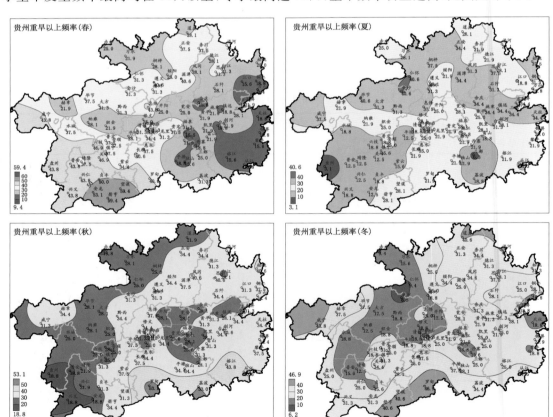

图 2.18　1981—2012 年贵州省春季、夏季、秋季、冬季重旱以上发生频率(%)分布图

（3）季节连旱频率

从季节连旱频率（表2.2）及空间分布（图2.19）来看，西部冬春连旱频率大于东部；春夏连旱频率西北部北部较高；夏秋连旱较易发生，干旱频率最高达80％以上，东部高，西部低。三季及以上连旱西北部、北部及西南部频率稍高。

表2.2　季节连旱发生频率（％）

干旱类型	冬春连旱	春夏连旱	夏秋连旱	春夏秋连旱	全年连旱
干旱频率	47.6	47.1	57.6	38.1	27.2

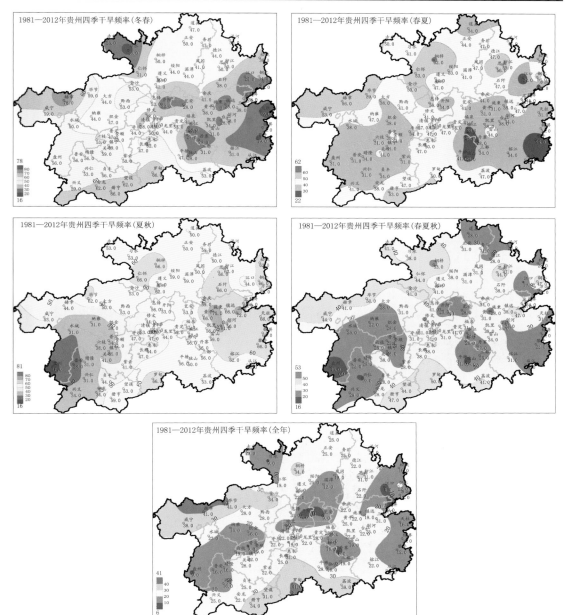

图 2.19　1981—2012 年贵州省冬春连旱，春夏连旱，夏秋连旱，春夏秋连旱，全年连旱频率（％）分布图

2.2.2.3　干旱强度分析

通过对贵州省多年平均干旱过程强度分析得出,强度较大的主要集中在毕节市、黔西南州以及本省南部、东部等地区(图2.20)。

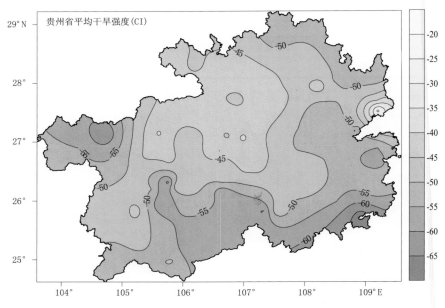

图 2.20　贵州省多年平均干旱过程强度空间分布图

2.2.2.4　典型个例

2011年春季开始,贵州省发生大范围的干旱事件,除南部地区外基本都发生了严重的春旱。6月中下旬有所缓解,但并未全面解除。此后干旱再次发展,几乎全省范围发生夏伏旱连秋旱,直至10月后才逐步缓解,年底基本解除。2011年贵州省平均年降水量 856 mm(图2.21),比常年偏低近3成,发生了严重干旱过程,7—9月,全省持续高温少雨,引发干旱,是贵州自1951年有气象观测记录以来同期旱灾影响面最广、受灾程度最大、灾害损失最重的一年。

2.2.3　干旱灾害风险评估

气象干旱与其他自然灾害一样,都是自然界与人类社会经济系统相互作用的产物,是自然属性和社会经济属性的综合表现。因此,把地理背景和社会经济发展考虑到区域的干旱灾害风险评估中,可以消除片面强调气象灾害的自然性,更加真实有效地反映地域对干旱灾害的反应机制。

2.2.3.1　干旱致灾因子分析

2.2.3.1.1　危险性因子分析

采用信息扩散理论方法,根据全省84个气象站干旱过程强度,得到各等级的干旱强度风险概率图(图2.22～图2.25)。

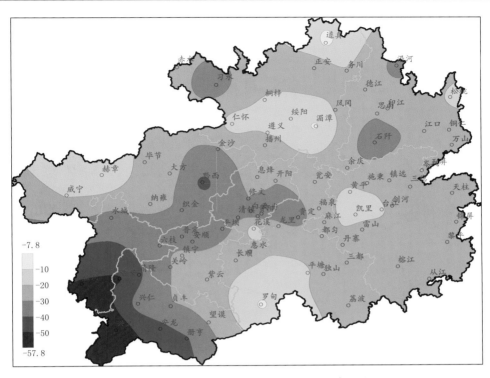

图 2.21 贵州省 2011 年降水距平百分率(%)分布图

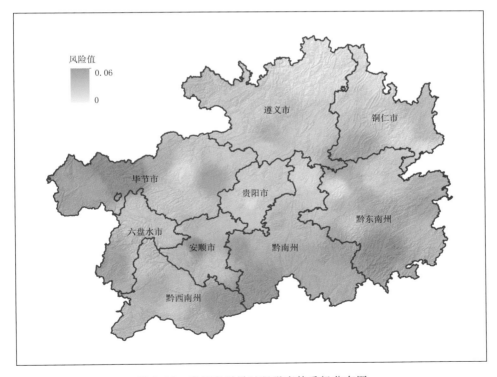

图 2.22 贵州省干旱过程强度特重级分布图

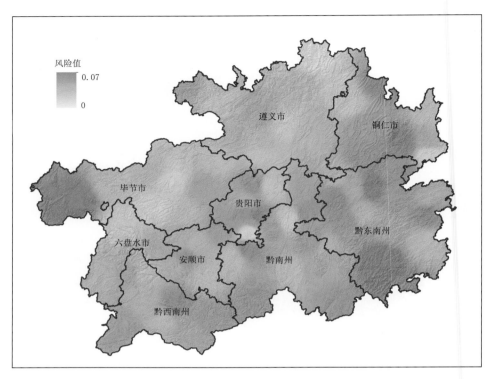

图 2.23　贵州省干旱过程强度重级分布图

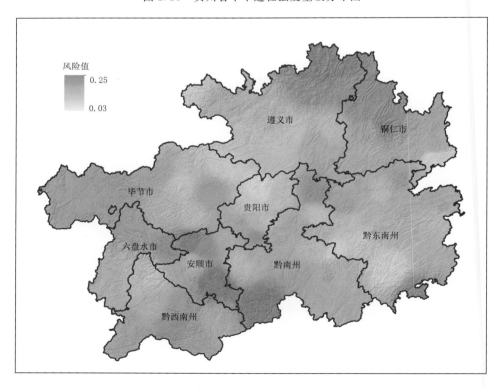

图 2.24　贵州省干旱过程强度中级分布图

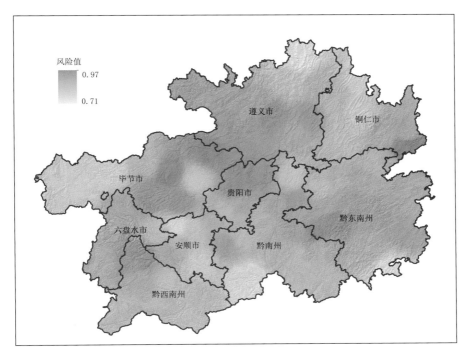

图 2.25 贵州省干旱过程强度轻级分布图

2.2.3.1.2 危险性因子权重

根据干旱过程强度越大,对干旱灾害形成所起的作用越大的原则,确定干旱致灾因子权重,将干旱过程强度 4、3、2、1 级权重分别取作 4/10、3/10、2/10、1/10(表 2.3)。

表 2.3 危险性指标及权重

因子	权重值
干旱过程强度特重级	0.4
干旱过程强度重级	0.3
干旱过程强度中级	0.2
干旱过程强度轻级	0.1

2.2.3.1.3 危险性结果

通过对干旱致灾因子的分析,利用加权综合评价法、反距离加权内插法和 GIS 中自然断点分级法,将致灾因子危险性指数按低危险区、次低危险区、中等危险区、次高危险区、高危险区 5 个等级进行区划,得到贵州省干旱致灾因子危险性指数区划图。干旱危险性程度较高的地区,主要分布在西部、南部和东北部等地(图 2.26)。

2.2.3.2 干旱孕灾环境分析

2.2.3.2.1 敏感性因子分析

(1)≤25°坡地面积的比例

从贵州省坡度的分布(图 2.27)来看,中部坡度较为平缓,其余地区坡度大部平均在 30°～40°,特别是南部和北部部分地区达到 50°以上。贵州省大部分县(市、区)≤25°坡地面积占本县(市、区)总面积的比例在 50% 以上,而且≤25°坡地中主要是用于农业生产,也是受干旱影响比较大的一部分区域(表 2.4)。

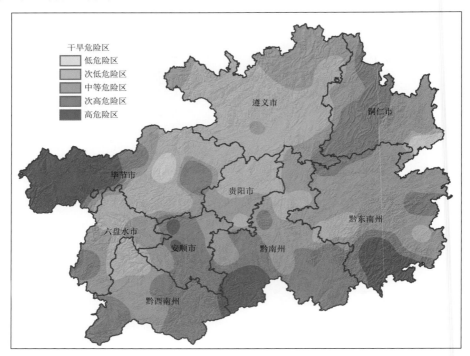

图 2.26 贵州省干旱危险区等级分布图

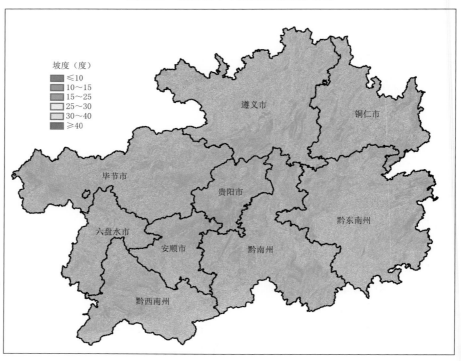

图 2.27 贵州省坡度(度)分布图

表 2.4 贵州省≤25°坡地面积及占总面积的比例

序号	站名	≤25°坡地面积 (km²)	占总面积的比例 (%)	序号	站名	≤25°坡地面积 (km²)	占总面积的比例 (%)
1	安龙	1363.26	61	43	普安	944.57	66
2	安顺	1385.47	82	44	普定	772.77	71
3	白云	435.04	91	45	黔西	2042.23	82
4	毕节	2168.12	64	46	清镇	1217.3	81
5	册亨	1169.77	45	47	晴隆	804.71	61
6	岑巩	1032.98	70	48	仁怀	1042.03	59
7	长顺	996.63	64	49	榕江	1614.96	49
8	赤水	901.75	48	50	三都	1304.83	55
9	从江	1783.82	54	51	三穗	661.78	64
10	大方	2488.24	70	52	施秉	1049.88	67
11	丹寨	461.01	49	53	石阡	1395.66	64
12	道真	1342.94	62	54	水城	2275.95	57
13	德江	1358.05	65	55	思南	1622.34	73
14	都匀	1528.94	67	56	松桃	1912.7	67
15	独山	1581.58	65	57	绥阳	1522.83	59
16	凤冈	1444.67	77	58	台江	567.92	49
17	福泉	1303.51	77	59	天柱	1499.67	68
18	关岭	861.46	59	60	桐梓	1746.23	55
19	贵定	1151.11	71	61	铜仁	940.6	62
20	贵阳	192.61	84	62	万山	186.45	55
21	赫章	1982.17	61	63	望谟	1184.62	39
22	花溪	836.61	87	64	威宁	4729.72	74
23	黄平	1244.71	75	65	瓮安	1545.58	78
24	惠水	1634.37	66	66	乌当	569.68	78
25	剑河	937.96	45	67	务川	1694.74	61
26	江口	1108.24	58	68	息烽	806.98	78
27	金沙	1828.48	72	69	习水	1584.54	51
28	锦屏	1040.7	65	70	兴仁	1374.04	77
29	开阳	1532.86	76	71	兴义	1800.23	62
30	凯里	912.28	71	72	修文	894.11	83
31	雷山	512.2	43	73	沿河	1458.26	59
32	黎平	2815.04	63	74	印江	1125.77	57
33	荔波	1351.38	55	75	余庆	1157.26	71
34	六枝	1123.03	63	76	玉屏	437.39	84
35	龙里	1161.38	76	77	贞丰	931.75	61
36	罗甸	1174.6	39	78	镇宁	992.95	58
37	麻江	872.57	70	79	镇远	1184.57	63
38	湄潭	1380.67	74	80	正安	1647.59	63
39	纳雍	1434.25	59	81	织金	1904.69	66
40	盘州	2717.08	67	82	紫云	999.5	44
41	平坝	870.13	84	83	遵义	262.31	85
42	平塘	1617.56	57	84	播州	3826.8	75

（2）平均海拔

首先利用 GIS 将全省高程分为＜500 m,500～1000 m,1000～1500 m,1500～2000 m, 2000～2500 m,＞2500 m 六个海拔带,也将贵州西高东低的地势特征较好地反映出来。从贵州省平均海拔的分布(图 2.28)来看,基本与实际海拔的分布(图 2.29)规律大致相同,也呈现出西高东低的特点,只是海拔的高差平滑得多。加上气象站点基本是在县(市、区)城附近,贵州省大部分县市的地形较为复杂,气象站点的选择不能够完全代表整个县的情况,用平均海拔可以使其达到一个平均状态,更加具有代表性。

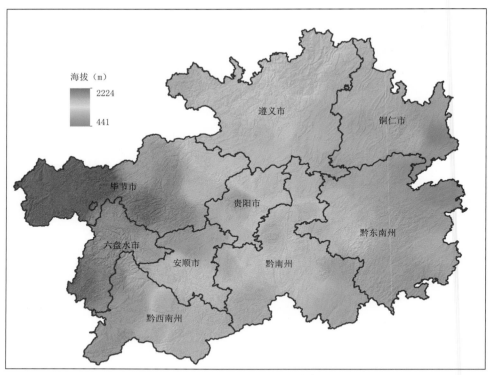

图 2.28　贵州省平均海拔分布图

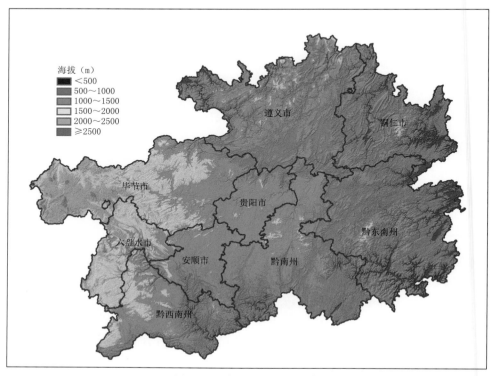

图 2.29　贵州省海拔分布图

（3）石漠化程度

按照《喀斯特石漠化的遥感—GIS典型研究——以贵州省为例》以贵州省为例的研究结果（表2.5），中度以上石漠化区域，本来表征出来的就是植被较少，土层较薄，基本达不到种植的条件，因此，可以忽略不考虑干旱的影响，反之，轻度及以下（含非石漠化）区域，如果在有种植条件的情况下，干旱造成的影响相应的较大，图2.30给出了84个气象站轻度及以下（含非石漠化）面积占本县（市、区）面积的比例，都在70%以上，说明贵州省大部分地区一旦发生干旱，造成的影响也较大（图2.30）。

表 2.5　贵州省石漠化等级及特征与农用利用价值

石漠化等级名称	特征	农业利用价值
无明显石漠化	无土壤侵蚀或者土壤流失不明显，具有连片的林、灌、草地植被或土被（>70%）、较低的基岩裸露率、较厚的土层厚度（>20 cm）和较缓的坡度（<15°）。	宜水保措施的农用地
潜在石漠化	土壤流失不太明显，图斑植被、土被覆盖度较大，可达50%～70%。	宜林牧
轻度石漠化	坡度在15°以上，土壤侵蚀较明显，植被结构低，以稀疏的灌草丛为主，覆盖度在25%～50%，土被覆盖率低，一般在30%以下。	宜林牧
中度石漠化	石漠化特征明显，土壤侵蚀明显，基岩裸露率高达70%以上，土被覆盖度在20%以下，图斑植被覆盖度或植被加土被覆盖度在20%～35%，平均土层厚度不到10 cm。	难利用地
强度石漠化	外石质荒漠化表现明显，土壤侵蚀强烈，甚至无土可流，图斑基岩裸露面积大，在80%～90%，土被覆盖度在20%～10%以下，坡度陡，丧失农用价值。	难利用地
非喀斯特	相对喀斯特地区来说，土层厚度较厚，可利用率高。	宜水保措施的农用地

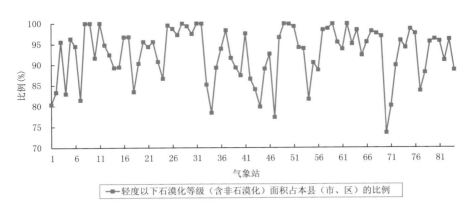

图 2.30　贵州省石漠化程度轻度以下石漠化等级（含非石漠化）比例

（4）水系影响指数

贵州省的水系影响主要集中在平坝、清镇、黔西、金沙、息烽、松桃、从江、兴义等地区，这一地区是乌江及其支流、清水江、南盘江等主要河流的流经地和大的湖泊聚集地，抵御干旱的可能性较大。本省大部为山区，河网密度相对较小，遭遇干旱时受到的影响较大（图2.31）。

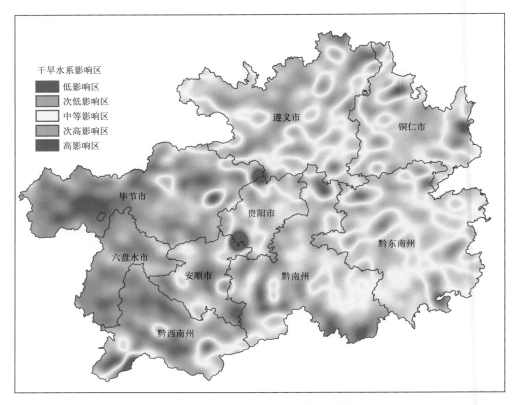

图 2.31　贵州省水系影响指数分布图

2.2.3.2.2　敏感性因子权重

对孕灾环境中平均海拔、≤25°的坡地比例、轻度以下石漠化比例、水系影响指数 4 个因子受干旱影响的程度,我们将这 4 个因子采用主成分分析法取权重,再根据指数与干旱影响的正负相关关系,分别赋权重的正负号(表 2.6)。

表 2.6　敏感性指标及权重

因子	权重
≤25°的坡地比例	0.480
平均海拔	0.272
轻度以下石漠化比例	0.143
水系影响指数	−0.105

2.2.3.2.3　敏感性模型结果

采用自然断点法,将贵州省干旱灾害敏感性划分为低敏感区、次低敏感区、中敏感区、次高敏感区、高敏感区 5 个等级,得到贵州省干旱灾害孕灾环境敏感性等级分布图。干旱灾害敏感区域主要分布特点是西部高于东部、北部高于南部,大的湖泊及河流流经地敏感性较低,西部地区敏感性普遍较高(图 2.32)。

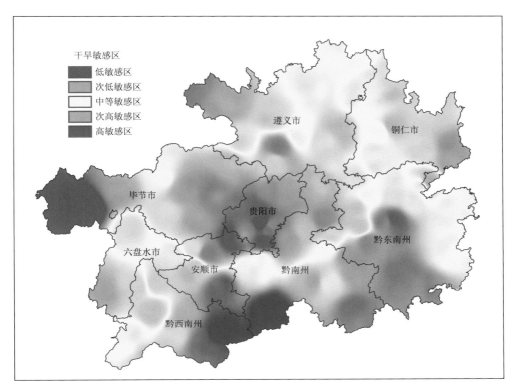

图 2.32 贵州省干旱敏感区等级分布图

2.2.3.3 干旱承灾体分析

2.2.3.3.1 易损性因子分析

(1)耕地密度

耕地密度分布较大区域主要分布在贵州中部及中部以北区域,其中安顺、平坝、修文、湄潭比重最大。中部以南、以东地区比重较小,其中荔波、榕江比重最小(图 2.33)。

(2)农村人口比例

农业是受干旱影响较大的产业,农业损失在干旱灾害损失中占有相当高的比例,因此,农业人口当属易受损害的人群,贵州农村人口比例分布(图 2.34)。

(3)城镇化率

对土地的高密度投资持续改变着城市下垫面,在生成高经济价值的同时,受到干旱的影响也相对减少,城市建设强度及人类社会城镇化进程强度用城镇化率等变量来表示。从贵州省城镇化率分布图来看,中部、西部局地、东部局地城镇化率相对较大,其余地区相对较小,城市化建设相对落后,因此,受干旱影响的县市也较多(图 2.35)。

(4)农林牧渔业产值

干旱一旦形成,对农业、林业、畜牧业、渔业等的影响尤为明显,贵州省农林牧渔业产值(图 2.36)。

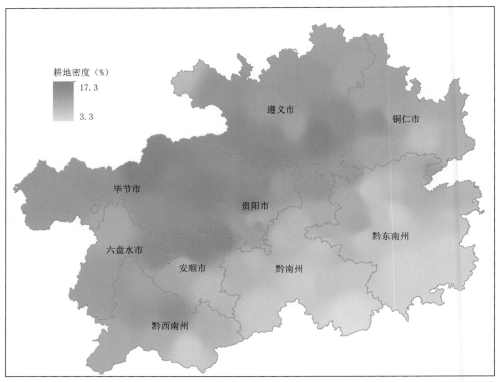

图 2.33 贵州省耕地密度分布图

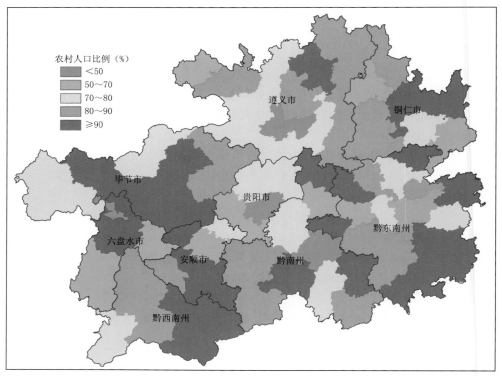

图 2.34 贵州省农村人口比例分布图

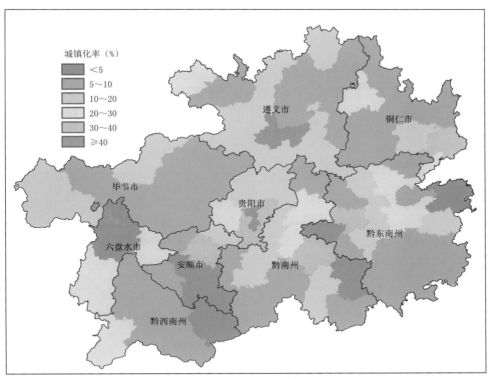

图 2.35　贵州省城镇化率分布图

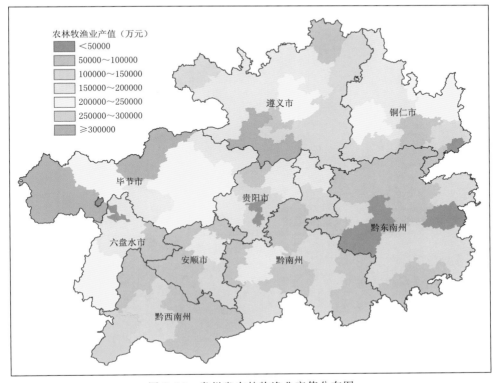

图 2.36　贵州省农林牧渔业产值分布图

2.2.3.3.2　易损性因子权重

将耕地密度、农村人口比例、城镇化率、农业牧渔业产值的比例等指标按照主成分分析法，得到以下权重(表2.7)。

表 2.7　易损性指标及权重

因子	权重
耕地密度	0.521
农村人口比例	0.339
城镇化率	−0.095
农林牧渔业产值比重	0.045

2.2.3.3.3　易损性模型结果

从综合指标来看,贵州省干旱易损区域有西高东低、北高南低的特点,高值区域主要在西北部,这些区域受到干旱影响时脆弱性较强,极易受到干旱的影响(图2.37)。

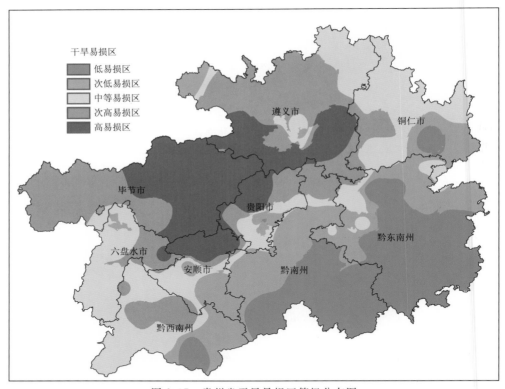

图 2.37　贵州省干旱易损区等级分布图

2.2.3.4　防灾减灾能力评价

2.2.3.4.1　防旱抗旱能力因子分析

(1)人均GDP

社会资本的密集程度及社会生产力的发展程度与气象灾害风险有很大关系,其密集程度越大、发展程度越大,气象灾害风险就可能越大。干旱灾害对各个产业和居民财产的影响都属于经济影响的内容,但考虑数据的代表性和可获得性,用人均生产总值指标来表现(图2.38)。

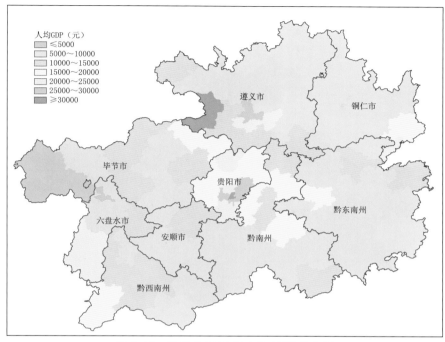

图 2.38 贵州省 2010 年人均 GDP 分布图

（2）防旱配套设施

根据资料收集情况，防旱抗旱能力用水库密度和水库总库容量来体现。水库密度越大、库容量越大，防旱抗旱能力就越强（图 2.39～图 2.41）。

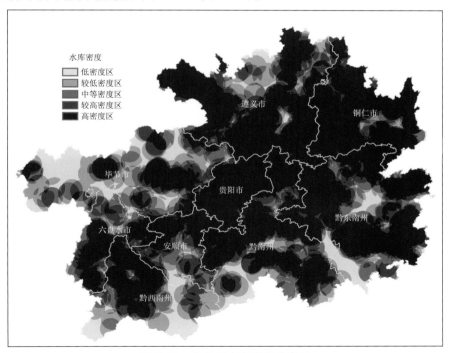

图 2.39 贵州省水库密度分布图

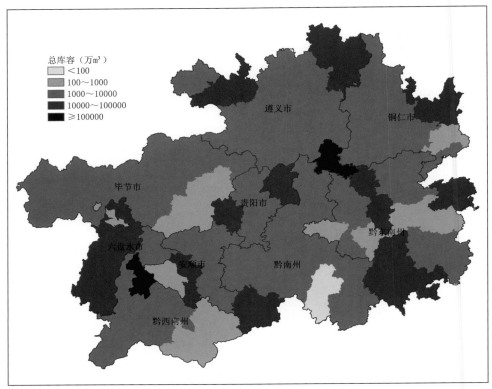

图 2.40　贵州省水库库容量分布图

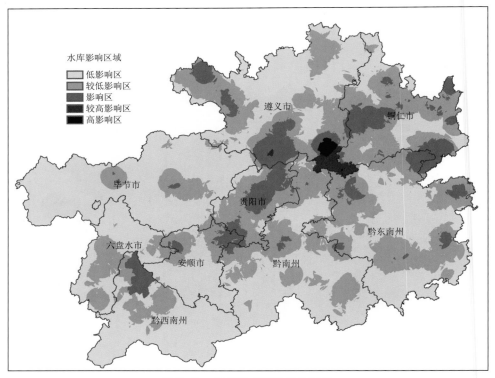

图 2.41　贵州省水库影响分布图

2.2.3.4.2 防灾减灾能力因子权重

将人均 GDP、防旱配套设施等指标按照主成分分析法,得到以下权重(表 2.8)。

表 2.8 防旱抗旱能力指标及权重

因子	权重
人均 GDP	−0.557
防旱配套设施	−0.443

2.2.3.4.3 防灾减灾能力模型结果

贵州省从防灾减灾的能力来说,中部—西北部地区较好,其余地区一般或较差(图 2.42)。

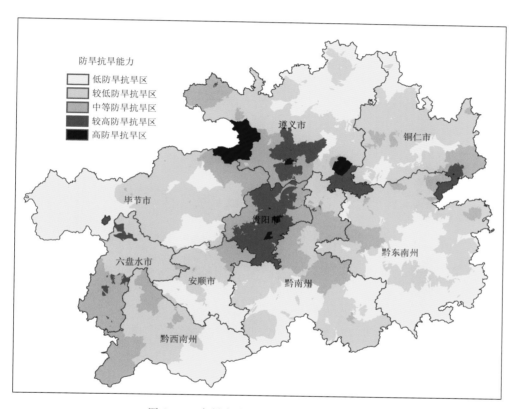

图 2.42 贵州省防灾减灾能力等级分布图

2.2.4 干旱灾害风险评估区划

2.2.4.1 干旱灾害风险评估因子及权重

将干旱灾害风险评估危险性、敏感性、易损性、防灾减灾能力 4 个因子按照主成分分析法,得到以下权重(表 2.9)。

表 2.9　干旱灾害风险评估因子及权重

因子	权重
危险性	0.493
敏感性	0.238
易损性	0.174
防灾减灾能力	−0.095

2.2.4.2　干旱灾害风险评估结果

通过对干旱致灾因子、孕灾环境、承灾体以及防旱抗旱能力等方面的分析,得到贵州省干旱灾害风险区划(图 2.43)。综合考虑的结果表明,高风险区主要集中在西部,占全省总面积的 7.42%;较高风险区在中部—西南部一线、北部地区,占全省总面积的 31.78%;中等风险区贯穿西南部—东北部,占全省总面积的 41.94%。可见,贵州省在通常情况下有 4/5 面积的土地遭受不同程度的干旱胁迫,严重威胁的面积约占总面积的 2/5,若在异常干旱的年份,受旱的面积则会更大,危害也更重。

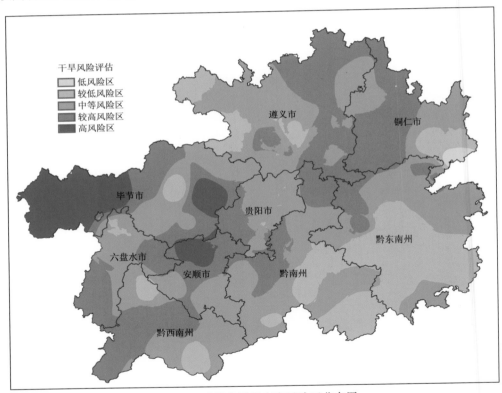

图 2.43　贵州省干旱灾害风险区分布图

2.2.5　干旱风险评估系统

2.2.5.1　属性数据库的建设

属性数据库由描述空间实体特征的二维数据表组成,可以通过数据表 DBASE 建立外置数据库，然后在ArcGIS中的内置数据库管理系统中，可以进行SQL查询，也能够具有动态连接关系数据库等功能。本书就是采用这样的方法，直接在图层中建立图形和分析相关联的属性数据库，从而实现地理空间数据库的一体化，设计的内容包括二维数据库的名称及二维数据的字段名称、类型和宽度等(图2.44～图2.46)。

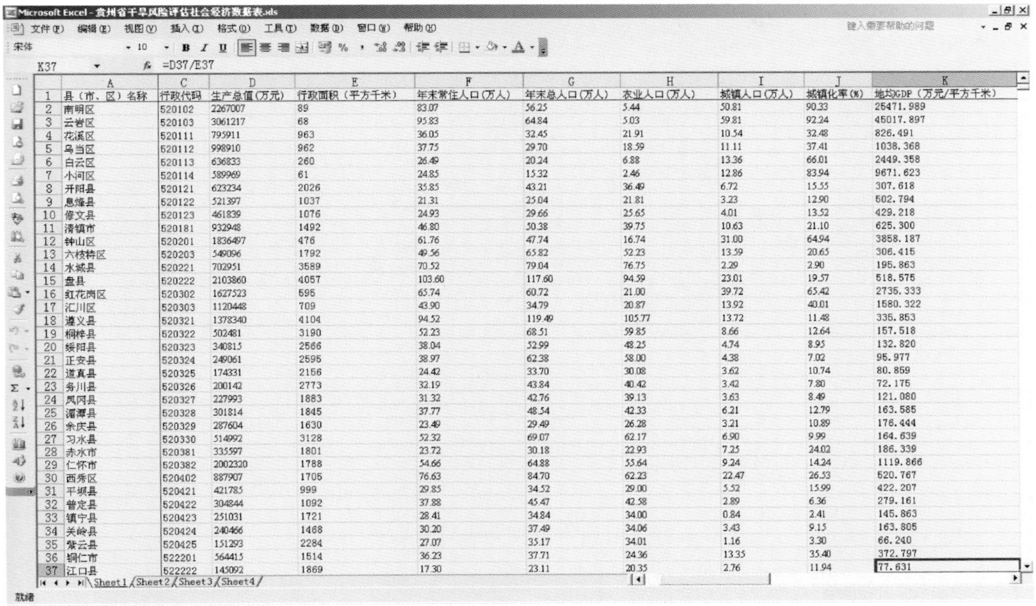

	县（市、区）名称	行政代码	生产总值(万元)	行政面积（平方千米）	年末常住人口(万人)	年末总人口(万人)	农业人口(万人)	城镇人口(万人)	城镇化率(%)	地均GDP（万元/平方千米）
2	南明区	520102	2267007	89	83.07	56.25	5.44	50.81	90.33	25471.989
3	云岩区	520103	3061217	68	95.83	64.84	5.03	59.81	92.24	45017.897
4	花溪区	520111	795911	963	36.05	32.45	21.91	10.54	32.48	826.491
5	乌当区	520112	998910	962	37.75	29.70	18.59	11.11	37.41	1038.368
6	白云区	520113	636833	260	26.49	20.24	6.88	13.36	66.01	2449.358
7	小河区	520114	589969	61	24.85	15.32	2.46	12.86	83.94	9671.623
8	开阳县	520121	623234	2026	35.85	43.21	36.49	6.72	15.55	307.618
9	息烽县	520122	521397	1037	21.31	25.04	21.81	3.23	12.90	502.794
10	修文县	520123	461839	1076	24.93	29.66	25.65	4.01	13.52	429.218
11	清镇市	520181	932948	1492	46.80	50.38	39.75	10.63	21.10	625.300
12	钟山区	520201	1836497	476	61.76	47.74	16.74	31.00	64.94	3858.187
13	六枝特区	520203	549096	1792	49.56	65.82	52.23	13.59	20.65	306.415
14	水城县	520221	702951	3589	70.52	79.04	76.75	2.29	2.90	195.863
15	盘县	520222	2103860	4057	103.60	117.60	94.59	23.01	19.57	518.575
16	红花岗区	520302	1627523	595	65.74	60.72	21.00	39.72	65.42	2735.333
17	汇川区	520303	1120448	709	43.90	34.79	20.87	13.92	40.01	1580.322
18	遵义县	520321	1378340	4104	94.52	119.49	105.77	13.72	11.48	335.853
19	桐梓县	520322	502481	3190	52.23	68.51	59.85	8.66	12.64	157.518
20	绥阳县	520323	340815	2566	38.04	52.99	48.25	4.74	8.95	132.820
21	正安县	520324	249061	2595	38.97	62.38	58.00	4.38	7.02	95.977
22	道真县	520325	174331	2156	24.42	33.70	30.08	3.62	10.74	80.859
23	务川县	520326	200142	2773	32.19	43.84	40.42	3.42	7.80	72.175
24	凤冈县	520327	227993	1883	31.32	42.76	39.13	3.63	8.49	121.080
25	湄潭县	520328	301814	1845	37.77	48.54	42.33	6.21	12.79	163.585
26	余庆县	520329	287604	1630	23.49	29.49	26.28	3.21	10.89	176.444
27	习水县	520330	514992	3128	52.32	69.07	62.17	6.90	9.99	164.639
28	赤水市	520381	335597	1801	23.72	30.18	22.93	7.25	24.02	186.339
29	仁怀市	520382	2002320	1788	54.66	64.88	55.64	9.24	14.24	1119.866
30	西秀区	520402	887907	1705	76.63	84.70	62.23	22.47	26.53	520.767
31	平坝县	520421	421785	999	29.85	34.52	29.00	5.52	15.99	422.207
32	普定县	520422	304844	1092	37.88	45.47	42.58	2.89	6.36	279.161
33	镇宁县	520423	251031	1721	28.41	34.84	34.00	0.84	2.41	145.863
34	关岭县	520424	240466	1468	30.20	37.49	34.06	3.43	9.15	163.805
35	紫云县	520425	151293	2284	27.07	35.17	34.01	1.16	3.30	66.240
36	铜仁市	522201	564415	1514	36.23	37.71	24.36	13.35	35.40	372.797
37	江口县	522222	145092	1869	17.30	23.11	20.35	2.76	11.94	77.631

图2.44 贵州省干旱风险评估社会经济数据库示例

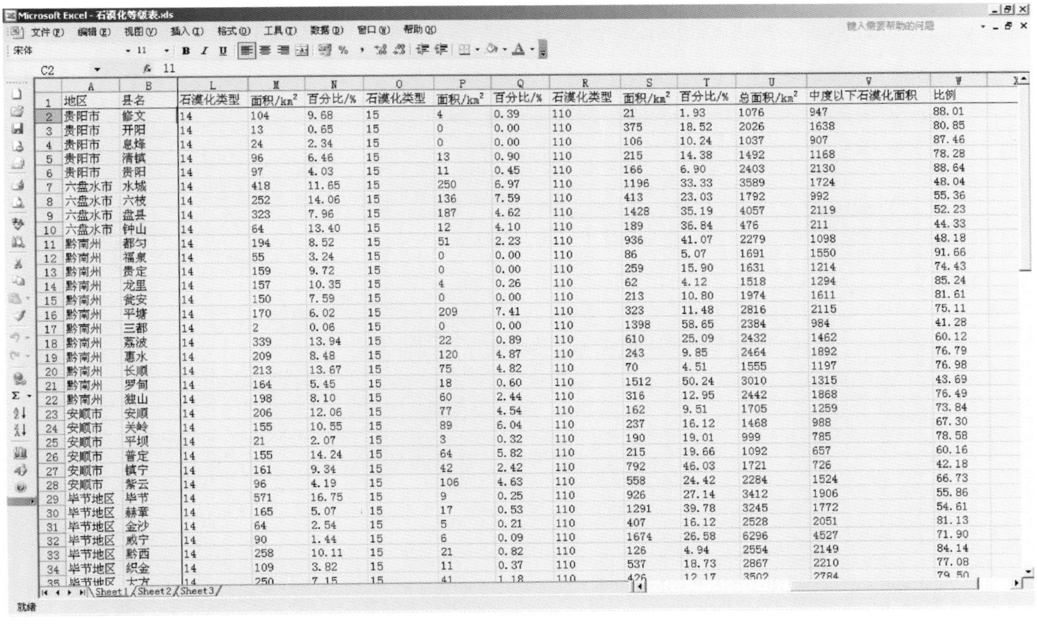

	地区	县名	石漠化类型	面积/km²	百分比/%	石漠化类型	面积/km²	百分比/%	石漠化类型	面积/km²	百分比/%	总面积/km²	中度以下石漠化面积	比例
2	贵阳市	修文	14	104	9.68	15	4	0.39	110	21	1.93	1076	947	88.01
3	贵阳市	开阳	14	13	0.65	15	0	0.00	110	375	18.52	2026	1638	80.85
4	贵阳市	息烽	14	24	2.34	15	0	0.00	110	106	10.24	1037	907	87.46
5	贵阳市	清镇	14	96	6.46	15	13	0.90	110	215	14.38	1492	1168	78.28
6	贵阳市	贵阳	14	97	4.03	15	11	0.45	110	166	6.90	2403	2130	88.64
7	六盘水市	水城	14	418	11.65	15	250	6.97	110	1196	33.33	3589	1724	48.04
8	六盘水市	六枝	14	252	14.06	15	136	7.59	110	413	23.03	1792	992	55.36
9	六盘水市	盘县	14	323	7.96	15	187	4.62	110	1428	35.19	4057	2119	52.23
10	六盘水市	钟山	14	64	13.40	15	12	4.10	110	189	36.84	476	211	44.33
11	黔南州	都匀	14	194	8.52	15	51	2.23	110	936	41.07	2279	1098	48.18
12	黔南州	福泉	14	55	3.24	15	0	0.00	110	86	5.07	1691	1550	91.66
13	黔南州	贵定	14	159	9.72	15	0	0.00	110	259	15.90	1631	1214	74.43
14	黔南州	龙里	14	157	10.35	15	4	0.26	110	62	4.12	1518	1294	85.24
15	黔南州	瓮安	14	150	7.59	15	0	0.00	110	213	10.80	1974	1611	81.61
16	黔南州	平塘	14	170	6.02	15	209	7.41	110	323	11.48	2816	2115	75.11
17	黔南州	三都	14	2	0.06	15	0	0.00	110	1398	58.65	2384	984	41.28
18	黔南州	荔波	14	339	13.94	15	22	0.89	110	610	25.09	2432	1462	60.12
19	黔南州	惠水	14	209	8.48	15	120	4.87	110	243	9.85	2464	1892	76.79
20	黔南州	长顺	14	213	13.67	15	75	4.82	110	70	4.51	1555	1197	76.98
21	黔南州	罗甸	14	164	5.45	15	18	0.60	110	1512	50.24	3010	1315	43.69
22	黔南州	独山	14	198	8.10	15	60	2.44	110	316	12.95	2442	1868	76.49
23	安顺市	安顺	14	206	12.06	15	77	4.54	110	162	9.51	1705	1259	73.84
24	安顺市	关岭	14	155	10.55	15	89	6.04	110	237	16.12	1468	988	67.30
25	安顺市	平坝	14	21	2.07	15	3	0.32	110	190	19.01	999	785	78.58
26	安顺市	普定	14	155	14.24	15	64	5.82	110	215	19.66	1092	657	60.16
27	安顺市	镇宁	14	161	9.34	15	42	2.42	110	792	46.03	1721	726	42.18
28	安顺市	紫云	14	96	4.19	15	106	4.63	110	558	24.42	2284	1524	66.73
29	毕节地区	毕节	14	571	16.75	15	9	0.25	110	926	27.14	3412	1906	55.86
30	毕节地区	赫章	14	165	5.07	15	17	0.53	110	1291	39.78	3245	1772	54.61
31	毕节地区	金沙	14	64	2.54	15	5	0.21	110	407	16.12	2528	2051	81.13
32	毕节地区	威宁	14	90	1.44	15	6	0.09	110	1674	26.58	6296	4527	71.90
33	毕节地区	黔西	14	258	10.11	15	21	0.82	110	126	4.94	2554	2149	84.14
34	毕节地区	织金	14	109	3.82	15	11	0.37	110	537	18.73	2867	2210	77.08
35	毕节地区	大方	14	250	7.15	15	41	1.18	110	426	12.17	3502	2784	79.50

图2.45 贵州省石漠化等级数据库示例

	名称	站名	<25°格点数(个)	总格点数(个)	比例(%)	<25°面积(平方公里)
2	56598	赫章	3171465	5199123	0.61	1982
3	56691	威宁	7567547	10226415	0.74	4730
4	56693	水城	3641527	6388644	0.57	2276
5	56792	普安	1511309	2289862	0.66	945
6	56793	盘县	4347331	6488554	0.67	2717
7	57606	桐梓	2793965	5079936	0.55	1746
8	57609	赤水	1442796	3005825	0.48	902
9	57614	习水	2535266	4971110	0.51	1585
10	57623	道真	2148702	3465648	0.62	1343
11	57625	正安	2636139	4184348	0.63	1648
12	57634	务川	2711579	4445211	0.61	1695
13	57636	沿河	2333223	3954615	0.59	1458
14	57637	德江	2172876	3342886	0.65	1358
15	57647	松桃	3060314	4567633	0.67	1913
16	57707	毕节	3468987	5420292	0.64	2168
17	57708	大方	3981185	5687407	0.7	2488
18	57710	仁怀	1667245	2825839	0.59	1042
19	57713	遵义	419688	493751	0.85	262
20	57714	金沙	2925569	4063290	0.72	1828
21	57717	遵义县	6122877	8163836	0.75	3827
22	57718	息烽	1291169	1655345	0.78	807
23	57719	开阳	2452569	3227064	0.76	1533
24	57720	绥阳	2436524	4129702	0.59	1523
25	57722	湄潭	2209066	2985224	0.74	1381
26	57723	凤冈	2311475	3001916	0.77	1445
27	57728	瓮安	2472926	3170418	0.78	1546
28	57729	余庆	1851623	2607920	0.71	1157
29	57731	思南	2595748	3555819	0.73	1622
30	57732	印江	1801237	3160065	0.57	1126
31	57734	石阡	2233062	3489159	0.64	1396
32	57735	岑巩	1652761	2361087	0.7	1033
33	57736	江口	1773190	3057224	0.58	1108
34	57737	施秉	1679802	2507167	0.67	1050
35	57738	镇远	1895312	3008432	0.63	1185
36	57739	玉屏	699817	833115	0.84	437

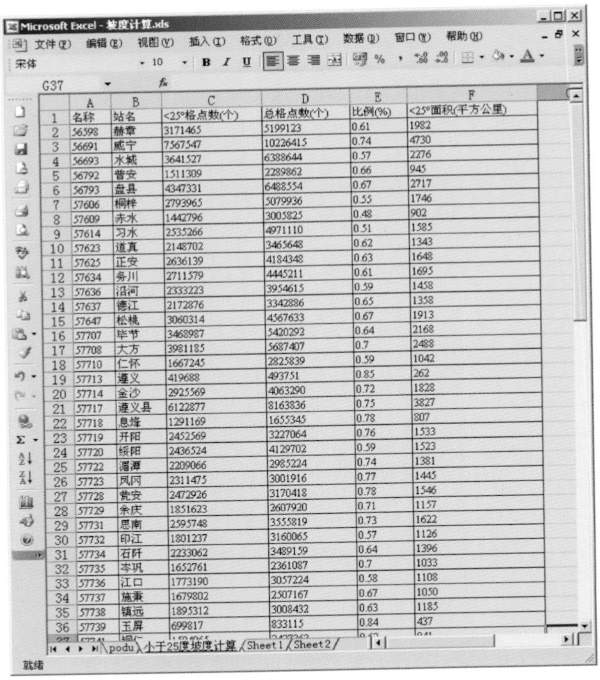

图 2.46　贵州省坡度相关计算数据示例

2.2.5.2　图形数据库的建立

图形数据库也就是空间数据库，是用来表达和描述空间实体的数据，地理空间数据是地理信息系统的操作对象和管理内容之一，主要描述空间实体的地理位置、拓扑关系和几何特征等。具备了图形数据库，就可以进行栅格数据的运算、栅格与矢量之间的转化等工作，有助于干旱灾害风险各因子的分析(图 2.47)。

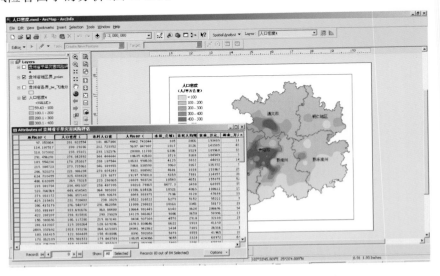

图 2.47　ArcGIS 中空间数据库管理及图形示例

贵州省未来主要气候要素的变化对干旱的可能影响

与现阶段的干旱灾害风险评估研究相比较,贵州省未来干旱灾害的预估对决策服务战略部署的意义更加重大。气候模式的不断发展,为这项工作的开展提供了坚实的数据基础。

3.1 未来气温和降水对干旱的可能影响

RegCM 系列模式从第二代 RegCM2 至第四代 RegCM4 模式,在贵州省都取得了较好的应用效果。本章 RegCM4 模式数据由国家气候中心提供,为全球气候模式(BCC_CSM1.1)驱动区域气候模式(RegCM4)获得的 1951—2005 年历史模拟和 2006—2099 年 RCP8.5(高排放)和 RCP4.5(中排放)情景下的逐日平均气温和降水量,分辨率为 $0.5°×0.5°$。且需要说明的是,对于上述各变量的运算中,平均气温的运算为绝对误差,而年降水量的运算则为相对误差。

虽然,该预估资料不能直接体现干旱灾害风险的变化,但是从气温和降水的角度能充分地反映干旱致灾因子的未来变化,从温室气体排放情景的角度反映社会因子未来的变化。本部分将通过 IPCC 的预估结果,定性地给出贵州省未来干旱灾害气候预估分析。

为了便于分析,将区域气候模式 RegCM4 资料插值至 84 个站点。按照国际通用做法,参照时段为 1986—2005 年,未来时段划分为:2019—2045 年、2046—2072 年、2073—2099 年,且这三个时期分别表示 21 世纪早期、中期和末期。

图 3.1 是区域气候模式 RegCM4 给出的贵州省 1986—2005 年(基准期)年均气温和年总降水量空间分布图。1986—2005 年贵州省年均气温在 $10.8～16.3℃$ 之间变化,从南部、东南部逐渐向北向西减少;年总降水量大部分介于 $1408.2～1883.6$ mm,较小值主要分布于贵州北部地区,向东向南向西增加。

图 3.2 给出了相对于基准期 1986—2005 年不同 RCP 情景下 21 世纪不同时期内贵州省气温变化的情况。结果表明,21 世纪早期、中期、末期在 RCP8.5 和 RCP4.5 情景下贵州省均是偏暖的,但是在各阶段各情景下增温幅度有一定区域性特征,总体上从西南向东北逐渐变

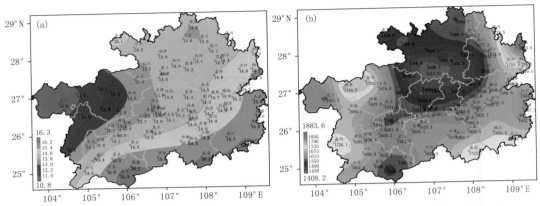

图 3.1　贵州省 1986—2005 年(基准期)年均气温(a;℃)和年总降水量(b;mm/a)的空间分布图

大。且温室气体浓度越高,相对于基准期的增温越大。另外,21 世纪早期、中期和末期相对于基准期在 RCP8.5 情景下全省平均分别增温 0.9～1.1℃、1.8～2.1℃ 和 2.8～3.1℃;在 RCP4.5 情景下全省平均分别增温 0.8～0.9℃、1.2～1.4℃ 和 1.4～1.6℃。因气温越高,蒸发越大的原理,干旱灾害风险较高的贵州省东北部地区在未来情景下因增温的效果,其干旱可能会进一步加剧,并且温室气体的排放浓度越高,干旱加剧将越显著。

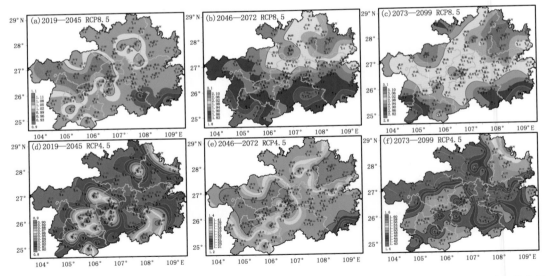

图 3.2　不同 RCP 情景下 21 世纪不同时期内贵州省气温变化(单位:℃)(相对于 1986—2005 年)分布图

　　相对于基准期 1986—2005 年,不同 RCP 情景下 21 世纪不同时期内贵州省降水变化的空间分布情况如图 3.3 所示。对于年平均降水变化的空间分布,21 世纪早期、中期、末期在 RCP8.5 和 RCP4.5 情景下贵州省除北部边缘地区在短时段表现出降水偏多的趋势,其他大部地区降水相对于基准期均表现为降水偏少的趋势。因此,未来贵州省大部分地区降水条件不佳,可能会加剧干旱灾害。同时,未来降水变化对温室气体的排放浓度的敏感性并不大。

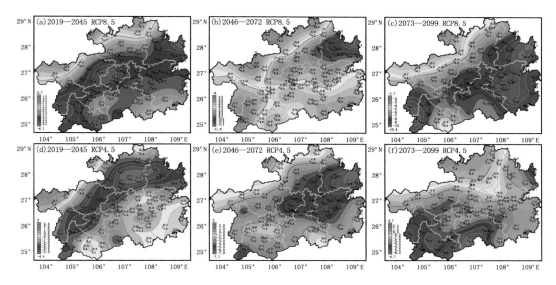

图 3.3　不同 RCP 情景下 21 世纪不同时期内贵州省降水变化(单位:%)(相对于 1986—2005 年)分布图

3.2　与降水相关极端天气气候指数变化预估

除了气温、降水两项致灾因子对未来干旱的可能影响之外,预估工作中常用的极端天气气候指数的变化对未来干旱灾害的气候预估研究也有一定的指示意义。

经联合国大会批准,1988 年世界气象组织和联合国环境规划署联合建立了政府间气候变化专门委员会(IPCC)。作为政府间科学机构,IPCC 旨在全面、客观、公正和透明的基础上,综合评估气候变化现状、影响与适应以及减缓领域的研究成果,发布评估报告。IPCC 评估报告是国际上社会认知气候变化的权威、主流、共识性文件,也是国际社会建立应对气候变化制度、采取应对气候变化行动的重要科学依据。迄今为止,IPCC 共发布了五次综合性评估报告,均受到国际社会的广泛关注和高度重视。

2014 年 11 月 2 日,IPCC 在哥本哈根正式发布《第五次评估报告综合报告》,标志着第五次评估报告的全面完成。IPCC 第五次评估报告历时 7 年,由全球 80 多个国家的 830 多位科学家,评估了 3 万多篇科学文献,反映了第四次评估报告以来气候变化领域的最新进展,体现了当今社会认知气候变化的水平。

IPCC 评估报告的预估结论主要基于国际耦合模式比较计划 CMIP 的模式结果,因此,CMIP 的发展推动了 IPCC 评估报告的发展,也可以说 CMIP 的发展就代表了 IPCC 的发展。以 IPCC 第五次评估报告为例,它的重要理论基础 CMIP5 在国内解释应用已较为成熟并应用到业务工作中。

本章模式数据来自国家气候中心收集和整理的 8 个 CMIP5 模式,这些模式包含了目前国际上通用的主要模式,数量上满足集合要求,详细信息见表 3.1,其中包括 1986—2099 年 RCP2.6(低)、RCP4.5(中)、RCP8.5(高)排放情景下的逐日降水资料。基于低纬高原的气候特点,选取极端天气气候事件指数中的 4 个指数描述极端降水,具体指数定义见表 3.2。

表 3.1　8 个 CMIP5 全球气候模式相关信息

序号	模式名称	模式中心	分辨率（纬向—经向格点数）
1	BCC-CSM1-1	中国	128×64
2	CCSM4	美国	288×192
3	CSIRO-Mk3-6-0	澳大利亚	192×96
4	EC-EARTH	欧洲	320×160
5	GFDL-ESM2G	美国	144×90
6	IPSL-CM5A-MR	法国	144×143
7	MRI-CGCM3	日本	320×160
8	NorESM1-M	挪威	144×96

表 3.2　极端降水指数定义

序号	指数	描述	单位
1	CDD	连续干旱日数，降水量小于 1 mm 的最大连续天数	d
2	R20 mm	大于 20 mm 的降水日数	d
3	Rx5day	连续 5 d 最大降水量	mm
4	SDII	简单日降水强度指数，总降水量/降水量大于 1 mm 的天数	mm/d

　　本书根据 8 个模式集合平均的模拟结果，计算了 2006—2099 年 RCP8.5、RCP4.5 和 RCP2.6 排放情景下贵州省与降水相关的极端天气气候事件指数 CDD、R20 mm、Rx5day 和 SDII 相对于 1986—2005 年的变化，图 3.4 给出了其 9 年滑动平均演变。可以看出，21 世纪贵

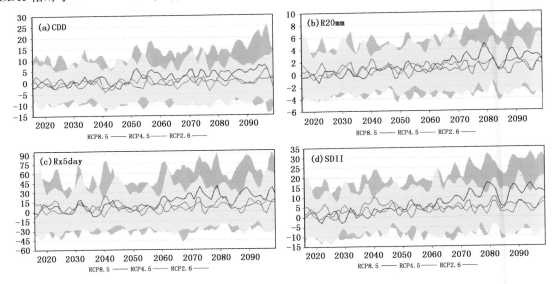

图 3.4　2006—2099 年不同排放情景下贵州省各模式集合平均的与降水相关的极端天气气候事件指数 CDD(d)(a)、R20mm(d)(b)、Rx5day(mm)(c) 和 SDII(mm/d)(d) 相对于 1986—2005 年的变化的 9a 滑动平均演变（阴影为模式间平均的 1 个标准差范围）

州省连续干旱日数 CDD 在三种情景下均无明显变化;2060 年以后贵州省大于 20 mm 的降水日数 R20 mm 和连续 5 天最大降水量 Rx5day 在 RCP8.5 情景下略有增加,而在 RCP4.5 和 RCP2.6 情景下变化不明显;RCP8.5 情景下简单日降水强度指数 SDII 在 2060 年以后有较明显的增加趋势,而在 RCP4.5 和 RCP2.6 情景下无明显趋势,说明 21 世纪中后期在高排放情景下单次降水强度可能将明显增加。表 3.3 还给出了不同 RCP 情景下 2006—2099 年贵州省极端降水指数相对于 1986—2005 年变化的线性趋势,RCP8.5、RCP4.5 和 RCP2.6 情景下 CDD、R20 mm、Rx5day 和 SDII 的变化速率分别为 0.16~0.72 d/10a、0.13~0.46 d/10a、0.32~3.47 mm/10a 和 0.38~1.94 mm/d/10a。本书还利用模式间平均的 1 个标准差范围来评估 8 个不同 CMIP5 模式间的不确定性,如图 3.4 阴影面积所示,若阴影面积越大,则模式间的差别越大,越不稳定。显然,8 个 CMIP5 模式模拟的 CDD、R20 mm、Rx5day 和 SDII 这 4 种与降水有关的指数预估结果不稳定性较大。

表 3.3　不同 RCP 情景下 2006—2099 年贵州省极端降水指数变化的线性趋势

RCP	CDD(d/10a)	R20 mm(d/10a)(℃/10a)	Rx5day(mm/10a)	SDII(mm/d/10a)
8.5	0.72	0.46	3.47	1.94
4.5	0.29	0.15	0.32	0.38
2.6	0.16	0.13	0.82	0.43

贵州省 21 世纪不同阶段不同情景下与降水相关的极端天气气候事件指数 CDD 相对于 1986—2005 年变化的空间分布如图 3.5 所示。21 世纪早期,在 RCP8.5、RCP4.5 和 RCP2.6 情景下,贵州省连续干旱日数 CDD 相对于基准期的变化分别为 −1~1 d、−2~1 d 和 −2~1 d;21 世纪中期,在 RCP8.5、RCP4.5 和 RCP2.6 情景下贵州省连续干旱日数 CDD 相对于基准期的变化分别为 1~4 d、−2~1 d 和 −1~2 d;21 世纪末期,RCP8.5、RCP4.5 和 RCP2.6 情景下,贵州省连续干旱日数 CDD 相对于基准期的变化分别为 3~6 d、0~5 d 和 −1~2 d。且总体来看,三种情景下越到 21 世纪后期,贵州省相对于基准期的连续干旱日数 CDD 在东北部增加越多。

图 3.6 给出了贵州省 21 世纪不同阶段不同情景下与降水相关的极端天气气候事件指数 R20 mm 相对于 1986—2005 年变化的空间分布。21 世纪早期,在 RCP8.5、RCP4.5 和 RCP2.6 情景下,贵州省大于 20 mm 的降水日数相对于基准期的变化分别为 −0.5~0.5 d、0~1 d 和 −0.5~1 d;21 世纪中期,在 RCP8.5、RCP4.5 和 RCP2.6 情景下贵州省大于 20 mm 的降水日数相对于基准期的变化分别为 0.5~1.5 d、0~1.5 d 和 0.5~1.5 d;21 世纪末期,RCP8.5、RCP4.5 和 RCP2.6 情景下,贵州省大于 20 mm 的降水日数相对于基准期的变化分别为 2~3.5 d、1~2 d 和 0.5~2 d。但空间变化规律不明显。

图 3.7 给出了贵州省 21 世纪不同阶段不同情景下与降水相关的极端天气气候事件指数 Rx5day 相对于 1986—2005 年变化的空间分布。21 世纪早期,在 RCP8.5、RCP4.5 和 RCP2.6 情景下,贵州省连续 5 d 最大降水量相对于基准期的变化分别为 0~10 mm、0~15 mm 和 0~10 mm;21 世纪中期,在 RCP8.5、RCP4.5 和 RCP2.6 情景下贵州省连续 5 天最大降水量相对于基准期的变化分别为 5~20 mm、0~10 mm 和 0~10 mm;21 世纪末期,RCP8.5、RCP4.5 和 RCP2.6 情景下,贵州省连续 5 d 最大降水量相对于基准期的变化分别为 15~35 mm、5~20 mm 和 5~20 mm。总体来看,贵州省在各阶段各情景下连续 5 d 最大降水

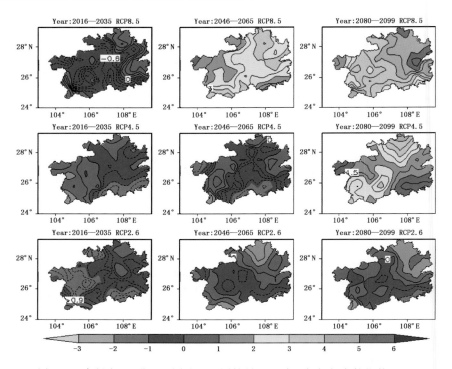

图 3.5　贵州省 21 世纪不同阶段不同情景下极端天气气候事件指数 CDD
相对于 1986—2005 年的变化(d)分布图

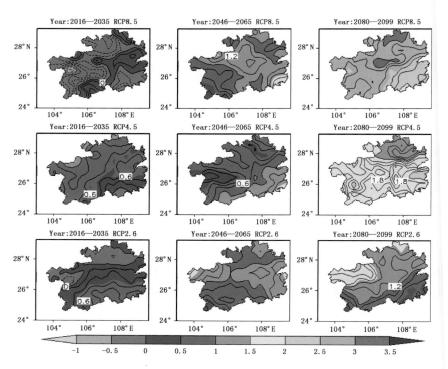

图 3.6　贵州省 21 世纪不同阶段不同情景下极端天气气候事件指数 R20 mm
相对于 1986—2005 年的变化(d)分布图

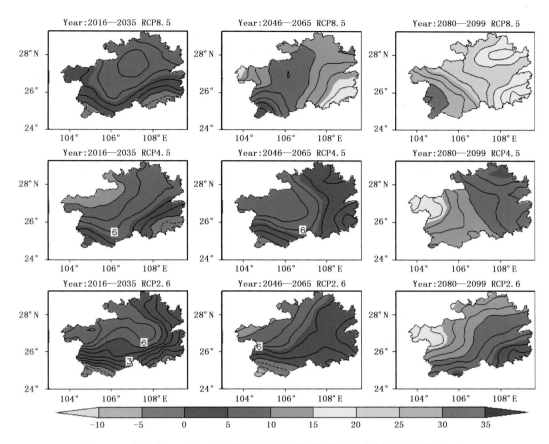

图 3.7 贵州省 21 世纪不同阶段不同情景下极端天气气候事件指数 Rx5day
相对于 1986—2005 年的变化(mm)分布图

量相对于基准期西部比东部增加得多。

图 3.8 展示了贵州省 21 世纪不同阶段不同情景下与降水相关的极端天气气候事件指数 SDII 相对于 1986—2005 年变化的空间分布。21 世纪早期,在 RCP8.5、RCP4.5 和 RCP2.6 情景下,贵州省简单日降水强度指数相对于基准期的变化分别为 $-2\sim2$ mm/d、$0\sim4$ mm/d 和 $0\sim4$ mm/d;21 世纪中期,在 RCP8.5、RCP4.5 和 RCP2.6 情景下贵州省简单日降水强度指数相对于基准期的变化分别为 $4\sim8$ mm/d、$2\sim6$ mm/d 和 $2\sim6$ mm/d;21 世纪末期,RCP8.5、RCP4.5 和 RCP2.6 情景下,贵州省简单日降水强度指数相对于基准期的变化分别为 $10\sim14$ mm/d、$4\sim6$ mm/d 和 $2\sim8$ mm/d。但空间变化规律仍不明显。

总的来说,在 RCP8.5、RCP4.5 和 RCP2.6 情景下越到 21 世纪后期,贵州省相对于基准期的连续干旱日数 CDD 在东北部增加越多,另外,在各阶段各情景下连续 5 d 最大降水量相对于基准期西部比东部增加得多,这表明未来可能发生的连续干旱将使得贵州省当前旱情较重的东北部地区干旱灾害加剧,而由连续 5 d 最大降水量表征的强降水可能对贵州省当前旱情较重的西部地区在未来有一定的缓解作用。

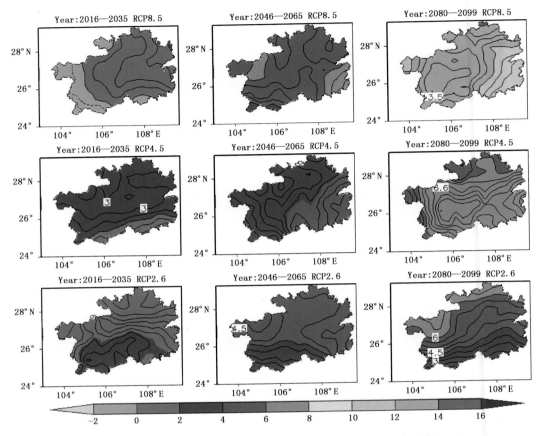

图 3.8　贵州省 21 世纪不同阶段不同情景下极端天气气候事件指数 SDII
相对于 1986—2005 年的变化(mm/d)分布图

参考文献

白慧,陈贞宏,付云鸿,2012.基于集合 EMD 方法的贵州省极端气温事件频数的主振荡模态分析[J].云南大学学报(自然科学版),**34**(S2):364-373.

白慧,吴战平,龙俐,等,2013.基于标准化前期降水指数的气象干旱指标在贵州的适用性分析[J].云南大学学报(自然科学版),**35**(5):661-668.

池再香,杜正静,陈忠明,等,2012.2009—2010 年贵州秋、冬、春季干旱气象要素与环流特征分析[J].高原气象,**31**(1):176-184.

康为民,罗宇翔,郑小波,等,2008.贵州温度植被干旱的指数(TVDI)特征及其遥感干旱的监测应用[J].贵州农业科学,**36**(4):27-30.

李忠燕,严小冬,张娇艳,等,2016.贵州省近 40a 夏季旱涝及其异常成因初步分析[J].贵州气象,**40**(2):1-7.

龙俐,李霄,张东海,等,2014.贵州省综合气象干旱阈值修订研究[J].贵州气象,**38**(6):13-15.

商崇菊,王群,郝志斌,2010.贵州省 2009—2010 年特大干旱灾害成因、特点及影响浅析[J].防汛与抗旱,**17**:11-13.

王兴菊,白慧,周文钰,等,2014.贵州省 2011 年与 2013 年 7—8 月干旱对比分析及对农业的影响[J].天津农业科学,**20**(11):118-124.

王玉萍,李荣,杨静,2006.干旱对贵州省经济社会发展的影响[J].水利发展研究,**11**:23-25.

吴战平,白慧,严小冬,2011.贵州省夏旱的时空特点及成因分析[J].云南大学学报(自然科学版),**33**(s2):383-391.

吴哲红,詹沛刚,陈贞宏,等,2012.3 种干旱指数对贵州省安顺市历史罕见干旱的评估分析[J].干旱气象,**30**(3):315-322.

严小冬,宋燕,吴战平,等,2016.基于 GEV 干旱指数的贵州春旱时空变化及预测模型探析[J].云南大学学报(自然科学版),**38**(2):256-266.